エンジニアの知的生産術

効率的に学び、整理し、アウトプットする

Nishio Hirokazu
西尾泰和
[著]

技術評論社

本書は、小社刊の以下の刊行物をもとに、大幅に加筆と修正を行い書籍化したものです。

・『WEB+DB PRESS』Vol.80特別企画「エンジニアの学び方──効率的に知識を得て、成果に結び付ける」

書籍著者公式ページ
http://nhiro.org/intellitech/ja.html

本書に登場する人物は、すべて敬称を省略して表記しています。

本書の内容に基づく運用結果について、著者、ソフトウェアの開発元および提供元、株式会社技術評論社は一切の責任を負いかねますので、あらかじめご了承ください。

本書に記載されている情報は、特に断りがない限り、執筆時点（2018年）の情報に基づいています。ご使用時には変更されている可能性がありますのでご注意ください。

本書に記載されている会社名・製品名は、一般に各社の登録商標または商標です。本書中では、™、©、®マークなどは表示しておりません。

この本の目的

　私は、知的生産術の良い参考書が欲しいです。人に知的生産術を教えるときに、お勧めできる本が欲しいです。

　私は、サイボウズで知的生産性の研究に10年間従事してきました[注1]。業務の一環として、京都大学サマーデザインスクールで、考えを整理してアウトプットする方法のワークショップを行ったり、首都大学東京の非常勤講師として、大学生に研究によって新たな知識を生み出すことについて教えたりしてきました。しかし、限られた時間では伝えたいことが伝えきれません。参考書を紹介しても、たくさん紹介したのでは全部は読んでもらえません。私の伝えたいことが1冊にまとまった本が欲しいです。

　でも、ちょうど良い本がないんです。何か1冊だけお勧めするなら川喜田二郎の『発想法』[注2]ですが、これは1966年の本です。抽象的な考え方は今でも十分有効ですが、具体的な方法論が50年前の技術水準を前提にしていて、古臭く感じてしまう人も多いです。次の50年のための本が必要です。

　ないなら作りましょう。

　私は、プログラミング言語を比較して学ぶ『コーディングを支える技術』[注3]を2013年に執筆しました。この本は発売から5年経つ今でも言及され、売れ続けているロングセラーです。執筆の過程で何か知的生産が行われたのは間違いないでしょう。ならば執筆の過程で使われた手法を、ほかの人にも使えるように解説しましょう。

　『コーディングを支える技術』の執筆時には、川喜田二郎のKJ法をベースとした手法を使いました。また書籍の内容では、「複数のプログラミング言語を比較することで、何が変わる部分で、何が変わらない部分かを理解しよう」というアプローチと、「プログラミング言語は人が作ったものだから、何か目的があって作ったはずだ。目的に注目しよう」というアプローチを使

注1　サイボウズはグループウェアを開発しているソフトウェアメーカーです。グループウェアは、複数人のグループで使うためのソフトウェアです。なぜ企業がグループウェアを導入するのかというと、それによって社員の生産性が上がるからです。私はグループウェアが、単純な作業の生産性を上げるだけでなく、知識を生み出すような仕事の生産性も上げると考えており、またそこに注力していくべきだと考えています。

注2　川喜田二郎著『発想法——創造開発のために』中央公論新社、1966年。改訂版の『発想法 改版——創造性開発のために』が2017年に出ています。

注3　西尾泰和著『コーディングを支える技術』技術評論社、2013年

いました。今度は「プログラミング言語」の代わりに「知的生産術」に対して同じことをやってみましょう——こうして本書の企画がスタートしました。

知的生産とは何か

知的生産とは、知識を用いて価値を生み出すことです。具体的には執筆やプログラミングなどがイメージしやすいでしょう。しかしそのほかの仕事でも、ありとあらゆるところに知的生産の機会があります。私は、自ら新しい知識を生み出すことが、価値の高い知的生産のために重要だと考えています。他人から与えられた知識を使うだけでは、大した価値にはなりません。

プログラミングの例で考えてみましょう。教科書のサンプルコードをコピーするだけでは、多くの場合あなたの達成したい目的を達成できません。目的を果たすためには、サンプルコードを噛み砕いて理解し、あなたの置かれた状況に合わせて、修正し、組み合わせ、新しいプログラムを作る必要があります。知的生産術についても同じです。本に書いてある知識をコピーするだけではなく、修正し、組み合わせ、新しい手法を作ることが必要です。

この本を読むメリット

読者は、この本を読むことで知的生産術について学ぶことができます。知的生産術を学ぶうえで、私はこの本が一番お勧めです。

この本の原稿をレビューしてくれた方のコメントを紹介します。

- 気付いていなかったことに気付けた
- 無意識にやっていたことが言語化できた
- これから役に立ちそうなことが満載でとてもやる気が出た

この本の刺激によって盲点に気付いたり、自分の経験が言語化されたりして、今後さらに改善できそうだと感じ、ワクワクしているわけです。

一方で逆の意見もあります。

- 地に足が付いていない
- 「で、どうしたらよいの？」がわからない

材料がそろっていないと、結合は起きません。「地」は経験です。本書を読んでしっくりこなかったなら、今回は残念ながら材料が足りなかったようです。でも大丈夫です。経験は日々あなたの中に蓄積されていくので、いつか「あ、これか」とつながるときが来るでしょう。半年経ってからまた読みなおしてみてください。きっと何かが変わるでしょう。

プログラミングはどうやって学ぶか

　知的生産術について考えていくうえで、「学び方」について学ぶことは避けられません。しかしこれは抽象的なので、まずはもっと具体的に、プログラミングの学び方について考えてみましょう。私はプログラミングの学びのプロセスは「情報収集・モデル化・検証」の3要素の繰り返しだと考えています[注4]。

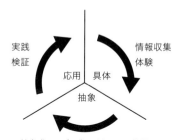

学びは情報収集・モデル化・検証の繰り返し

まずは具体的に情報収集する

　最初の一歩は、具体的に情報収集することです。
　プログラミングを学ぶとき、多くの場合、まずほかの人が書いたプログ

注4　初出：西尾 泰和著「エンジニアの学び方」『WEB+DB PRESS Vol.80』、技術評論社、2014年

ラムを読みます。また読むだけではなく、まねて入力するテクニック「写経」もよく使われています。これが「具体的な情報収集」です。本書でもいくつもの知的生産にまつわる課題とその解決策を紹介します。これはプログラミングのサンプルコードのようなものです。

抽象化してモデルを作る

具体的な情報収集が進んであなたの脳の中に材料がそろってくると、次に「抽象化」が起きます。抽象化は、複数の具体的情報から共通するパターンを見いだすことや、どこが重要でどこが枝葉かを判断することと、強い関連を持っています。

複数のものを見比べ、共通点を見いだすことが、抽象化の助けになります。ここで「Hello, world! と表示するコード」をプログラミング言語Pythonで書いたものを見てみましょう。

Hello, world! と表示するコード1
```
print("Hello, world!")
```

出力結果
```
Hello, world!
```

Pythonの経験がない人でも、このコードと出力結果とを見比べると、共通部分があることに気付くことでしょう。これがパターンの発見です。

あなたが見いだしたパターン
```
print("きっとここに書いたものが表示される")
```

もし「Bye, world! と出力したい」なら、どこをどう書き換えればよいかわかりますね。つまり、パターンを発見したことで、自分の目的に合わせてプログラムを修正する能力を得たわけです。

次のコードもPythonで書かれた「Hello, world! と表示するコード」ですが、これを初めてPythonを学ぶ人に見せても、修正できるようにはならないでしょう。出力の「Hello, world!」とソースコードの間に共通点を見つけることができないからです[注5]。

注5　勘の良い人ならコード1とコード2を比較して、"".joinから始まる複雑なコードが "Hello, world!" という文字列を作っているのではないかと思うかもしれません。それは正解ですが、本書はPythonの教科書ではないので詳しい解説はしません。

Hello, world! と表示するコード2
```
print("".join(map(chr, [72, 101, 108, 108, 111, 44, 32, 119, 111, 114, 108,
    100, 33])))
```

　この本では、知的生産術を比較することで、みなさんが自分の中に知的
生産術のモデルを作ることを手助けしたいと思っています。

実践して検証する

　さて、ここまでであなたはパターンを見いだし、「PythonでBye, world!
と出力したい場合には、こう書けばよいのではないか？」と思い付く能力を
手に入れました。

あなたが見いだしたパターン
```
print("きっとここに書いたものが表示される")
```

「Bye, world!」と出力するだろうと思われるコード
```
print("Bye, world!")
```

　しかし、これはあくまで仮説です。本当にその方法で「Bye, world!と出
力する」という目的が達成できるかは、実際に試してみなければわかりませ
ん。試してみると、この具体例に関しては、目的が達成できることがわか
ります。
　では複数行に分けて「Hello,（改行）world!」と出力したい場合はどうでし
ょう？　仮説が正しいなら、こう書けばよいはずです。

「Hello,（改行）world!」と出力するだろうと思われるコード
```
print("Hello,
world!")
```

　試してみると、このコードは構文エラーになり、期待どおりに動かない
ことがわかります。これは失敗ではありません。「この方法ではうまくいか
ない」という具体的情報を発見したのです。これは学びのチャンスです。「ど
うして思ったように動かないのか？」──こう考えることで、あなたは理解
を深めていくことができます。

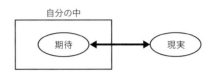

期待と現実のギャップを発見した

　この例では「改行をprintしたいとき、単に改行したのではうまくいかない」という事実を発見しました。次は、この課題の解決方法を探します。たとえば検索エンジンなどで探す[注6]と、役に立ちそうな情報を含んだサンプルコードが見つかるでしょう。そのサンプルコードは、あなたの「Hello,(改行) world!」を出力するという目的を達成する方法を直接教えてくれるわけではありません。きっと何か別のものを表示するコードでしょう。しかし、この新しいサンプルコードを、今までにあなたが集めた情報と比較すれば、あなたはパターンを見いだし、「なるほど、じゃあこう実装すれば目的が達成できるはずだ」という新しい仮説を生み出すことができるでしょう。

　具体的に情報収集し、比較してパターンを発見し、実践して検証し、期待と現実のギャップを発見して、また情報収集をしました。このサイクルを繰り返すことで、あなたはプログラミング能力を学ぶことができます。サイクルを繰り返すことで、新しいプログラムを生み出す力が鍛えられるわけです。知的生産術の学び方も同じです。具体的な情報収集、比較してパターン発見、実践して検証を繰り返すことで学んでいくのです。

この本の流れ

　第1章「新しいことを学ぶには」では、正解のないことをどうすれば学べるのかについて考えます。丸暗記ではなく、状況に合わせた応用ができる

注6　具体的には、Google検索で"Python 改行 print"と検索するなどです。

ようになるために、サイクルを回して学んでいく方法を詳しく解説します。

学びのサイクルを回すためには、燃料として「やる気」が必要です。第2章「やる気を出すには」では、どうすればやる気が高い状態を維持できるかについて、12,000人以上のやる気が出ない人のデータを踏まえて解説します。

学んだことは覚えておきたいですよね。第3章「記憶を鍛えるには」では、脳というハードウェアのしくみや、学び方に関する実験結果、そしてソフトウェアによって可能になった記憶を効率良く定着させる方法について解説します。

本を買いすぎて、山積みになってしまう人も多いのではないでしょうか？第4章「効率的に読むには」では、本を読むことを中心とした情報のインプット効率の改善について、速読術とゆっくり読む方法を比較して考えます。

第5章「考えをまとめるには」は出力に関する話です。「学ぶ＝入力」と考えがちですが、出力して検証することは大事です。しかし、たくさんインプットして知識量が増えると、それを整理して人に伝えることに苦しみを感じるようになります。人間は脳内の知識を他人に丸ごとコピーできないので、脳内の知識ネットワークを、切り取り、束ね、並び替えて、言葉や図に変換していく作業が必要です。本章では、たくさんのインプットを他人にアウトプットできる形にまとめる方法として、川喜田二郎のKJ法と私の執筆方法をベースに解説します。

知的生産術は新しいアイデアを思い付く方法だ、と考える人も多いと思います。私は「アイデアを思い付く」と「理解を深める」と「パターンを発見する」には共通の要素があると考えています。第6章「アイデアを思い付くには」では、アイデアを思い付き実現する方法について考えます。

ほかにもいろいろ語りたいことは尽きませんが、ページ数は限られています。第1章〜第6章では「何を学ぶか」(what)は決まっている前提で、「どう学ぶか」(how)を説明します。しかし、私はhowよりもwhatのほうが大事な問いだと考えています。第7章「何を学ぶかを決めるには」では、この問いについて考えていきます。

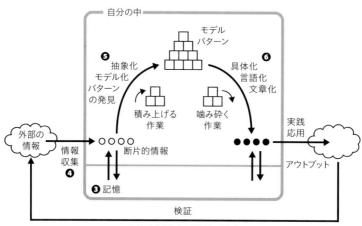

学びのサイクルと第3章〜第6章の関係

謝辞

　この書籍は、執筆段階からレビュアーのみなさんに協力いただき、1章3週間のイテレーションで各章をリリースしていく、アジャイル開発の手法を採用しました。感謝の意を込めてここで紹介します。

中山ところてん、近藤秀樹、Kuboon、湯村翼、假屋太郎、KUBOTA Yuji、原田惇、鈴木茂哉、加藤真一、庄司嘉織、渋川よしき、風穴江(@windhole)、hatone、安達央一郎、Takuya OHASHI（敬称略、順不同）

　また、私の説明を辛抱強く聞いて、わかりにくいところを指摘し、改善案を提案してくれた妻にとても感謝しています。

エンジニアの知的生産術──効率的に学び、整理し、アウトプットする
目次

本書公式ページ... ii
はじめに... iii
　謝辞... x

第1章 新しいことを学ぶには 1

学びのサイクル 2
情報収集 3
モデル化・抽象化 3
実践・検証 5

サイクルを回す原動力：やる気 7
生徒としての学びと大学からの学びの違い 7
　教科書が与えられる 7
　学ぶ時間はどれくらいあるか？ 8
　学ぶお金は誰が出すのか？ 9
　逆風 9
やる気を維持するには？ 10
　ゴールは明確に 10
　チュートリアルはゴールを近くする 10
　Column　SMART criteria 11
大学に入りなおすべき？ 12
　もっと気軽な方法 12
良い参考書を見つけるコツ 13
紙の参考書を選ぶコツ 14
　大学の講義の参考図書に選定されている 14
　正誤表が充実している 14
　改訂されている・ロングセラーである 15

情報収集の3つの方法 15
知りたいところから 16
　遅延評価的勉強法 16
　「そんなの必要ないよ」YAGNI原則 17
　Matzのソースコードの読み方 18
知りたいところから学ぶための前提条件 18
　目標が明確化されている 18
　目標が達成可能である 19
　大まかに全体像を把握している 19
大雑把に 20
　Column　見つける力は10年後も必要か？ 20
　1,000ページ以上ある資料も、目次はたった6ページ 21
　ソースコードを段階的に読む 21
　ドキュメントの大まかな構造 22

英語の論文の大まかな構造..23
民法の地図..23
Column 民法マップの抜粋...24
片っ端から 25
写経というテクニック...25
数学...26
時間を区切ろう...27
写経は補助輪...27
再び写経を必要とするとき...28

抽象とは何か 29
抽象・abstract 30
モデル・模型 31
モジュール 32
相互作用を制限する...32
重要でない部分を隠す＝重要な部分を抜き出す...............................33
モデル・ビュー・コントローラ 33
パターンの発見 34
デザインパターン 35
Column パターンに名前を付けること.................................36
なぜ抽象化が必要か？ 37
パターンの発見による一般化...38

どうやって抽象化するか 39
比較して学ぶ 39
「同じ」と「違う」の間に注目...39
たとえ話...40
違いに注目..41
歴史から学ぶ 42
パターン本から学ぶ 43

検証 44
作って検証 45
解説も作ることの一種..46
試験で検証 46
検証の難しい分野 47

まとめ 47

第2章 やる気を出すには 49

やる気が出ない人の65%はタスクを1つに絞れていない 50
絞るためにまず全体像を把握しよう 51

Getting Things Done：まずすべて集める 51
全部集めて、そのあとで処理をする 52
どうやってタスクを1つ選ぶのか 53
　　部屋の片付けと似ている 53
　　まず基地を作る 54
　　タスクが多すぎる 54

「優先順位付け」はそれ自体が難しいタスク 55

並べることの大変さ 55

Column 緊急性分解理論 55

1次元でないと大小比較ができない 56

不確定要素がある場合の大小関係は？ 57
　　探索と利用のトレードオフ 59
　　不確かなときは楽観的に 59
　　リスクと価値と優先順位 61

重要事項を優先する 62
　　「通知された」は「緊急」ではない 64
　　価値観はボトムアップに言語化する 64

Column 7つの習慣 65

優先順位を今決めようとしなくてよい 66

1つのタスクのやる気を出す 67

タスクが大きすぎる 67
　　執筆という大きなタスク 67

タイムボックス 68
　　集中力の限界 68
　　ポモドーロテクニック 70
　　見積り能力を鍛える 70
　　分単位で見積もるタスクシュート時間術 71

Column PDCAサイクル 72
　　計測し、退け、まとめる 73

まとめ 74

第3章 記憶を鍛えるには 75

記憶のしくみ 76

海馬 76

海馬を取り除かれた人 77

Morrisの水迷路 77

記憶は1種類ではない 78

記憶と筋肉の共通点 79

xiii

信号を伝えるシナプス 80

シナプスの長期増強 82

まず消えやすい方法で作り、徐々に長持ちする方法に変える 83

繰り返し使うことによって強くなる 84

Column 海馬では時間が圧縮される 84

アウトプットが記憶を鍛える 86

テストは記憶の手段 86

テストをしてからさらに学ぶ 87

自信はないが成績は高い 87

適応的ブースティング 88

テストの高速サイクル 90

知識を長持ちさせる間隔反復法 91

忘れてから復習する 91

ライトナーシステム 92

問題のやさしさ 93

知識を構造化する20のルール 94

Anki 95

難易度の自動調節 96

教材は自分で作る 97

Column 知識を構造化する残り15のルール 98

作る過程で理解が深まる 99

個人的な情報を利用できる 99

著作権と私的使用のための複製 100

まとめ 101

第4章 効率的に読むには 103

「読む」とは何か？ 104

本を読むことの目的 104

娯楽はスコープ外 105

情報を得ることが目的か？ 105

情報伝達の歴史 105

一次元の情報を脳内で組み立てる 106

本の内容だけが理解を組み立てる材料ではない 107

「見つける」と「組み立てる」のグラデーション 107

「読む」の種類と速度 108

あなたの普段の読む速度は? 108

読む速度のピラミッド 109
ボトルネックはどこ? 110
速読の苦しみ 112
続けられるペースを把握する 113
読まない 113
読まずに知識を手に入れる 114

1ページ2秒以下の「見つける」読み方 115

Whole Mind System 117
❶準備 117
❷プレビュー 117
❸フォトリーディング 117
❹質問を作る 118
❺熟成させる 118
❻答えを探す 118
❼マインドマップを作る 119
❽高速リーディング 119
5日間トレーニング 119
フォーカス・リーディング 120
速度を計測しコントロールする 121
見出しなどへの注目 123

Column 時間軸方向の読み方 125

1ページ3分以上の「組み立てる」読み方 126

哲学書の読み方 126
開いている本・閉じている本 127
外部参照が必要な本 127
登山型の本とハイキング型の本 128
1冊に40時間かけて読む 128
棚を見る 129
読書ノートに書きながら読む 129
わからないことを解消するために読む 130
数学書の読み方 130
わかるの定義 132
わかることは必要か? 132

読むというタスクの設計 133

理解は不確実タスク 133
読書は手段、目的は別 134
大雑把な地図の入手 134
結合を起こす 135
思考の道具を手に入れる 136
復習のための教材を作る 137
レバレッジメモを作る 138
Incremental Reading 139
人に教える 140

まとめ 141

第5章 考えをまとめるには 143

情報が多すぎる？ 少なすぎる？ 144

書き出し法で情報量を確認 145

質を求めてはいけない 146
実践してみよう 146
100枚を目標にしよう 147
100枚目標のメリット 147
重複は気にしない 148

多すぎる情報をどうまとめるか 149

並べて一覧性を高くする 149

Column 書き出し法の実例 151

並べる過程で思い付いたらすぐ記録 152

関係のありそうなものを近くに移動 152

Column ふせんのサイズ 152

KJ法の流れ 153

グループ編成には発想の転換が必要 155

グループ編成は客観的ではない 155
グループ編成は階層的分類ではない 156
既存の分類基準を使うデメリット 157

Column フレームワークによる効率化 158

事前に分類基準を作るデメリット 159
分類で負担を減らすメリット 159

関係とは何だろう 160

類似だけが関係ではない 160
NM法は対立関係に着目する 160
話題がつながる関係 161

束ねて表札を付け、圧縮していく 162

表札作りのメリット・デメリット 163
表札を作れるグループが良いグループ 163
ふせんが膨大なときの表札作り 164
「考えがまとまらない」と「部屋が片付かない」は似ている 165

Column 表札とふせんの色 166

Column 知識の整合性 167

束ねたふせんをまた広げる 169

文章化してアウトプット 169

社会人向けチューニング 170

ステップの省略 171

中断可能な設計 171

A4書類の整理法 172

繰り返していくことが大事 173

KJ法を繰り返す 174

繰り返しのトリガ ... 174
インクリメンタルな改善 ... 174
過去の出力を再度グループ編成 ... 175
電子化 ... 176

まとめ ... 177

第6章 アイデアを思い付くには ... 179

「アイデアを思い付く」はあいまいで大きなタスク ... 180

アイデアを思い付く3つのフェーズ ... 180
耕すフェーズ ... 181
芽生えるフェーズ ... 181
育てるフェーズ ... 181

先人の発想法 ... 181
Youngのアイデアの作り方 ... 182
川喜田二郎の発想法 ... 183
Otto Scharmerの変化のパターン ... 185
芽生えは管理できない ... 186

まずは情報を収集する ... 187

自分の中の探検 ... 187

言語化を促す方法 ... 188
質問によるトリガ ... 189
フレームワークのメリットとデメリット ... 189
創造は主観的 ... 191

身体感覚 ... 191
絵に描いてみる ... 193

たとえ話・メタファ・アナロジー ... 194
NM法とアナロジー ... 195
Clean LanguageとSymbolic Modelling ... 197

まだ言葉になっていないもの ... 200
暗黙知：解決に近付いている感覚 ... 201
Column 二種類の暗黙知 ... 202
違和感は重要な兆候 ... 203
Thinking At the Edge：まだ言葉にならないところ ... 204
辞書との照合 ... 204
公共の言葉と私的な言葉 ... 205
KJ法も違和感に注目 ... 206

言語化のまとめ ... 207

磨き上げる ... 208

最小限の実現可能な製品 ... 208
誰が顧客かわからなければ、何が品質かもわからない ... 209
何を検証すべきかは目的によって異なる ... 210

U曲線を登る ... 210

xvii

他人の視点が大事...212
誰からでも学ぶことができる..213
タイムマシンを作れ..215
Column 知識の分布図.......................................216
再び耕す...217
Column 書籍とは双方向のコミュニケーションができない.........218

まとめ 219

第7章 何を学ぶかを決めるには 221

何を学ぶのが正しいか? 222
数学の正しさ...222
科学と数学の正しさの違い..224
意思決定の正しさ..226
繰り返す科学実験と一回性の意思決定..............................226
事後的に決まる有用性 227
過去を振り返って点をつなぐ 227

自分経営戦略 228
学びたい対象を探す探索戦略..229
Column 選択肢の数が意思決定の質にもたらす影響.........229
探索範囲を広くする...230
知識を利用して拡大再生産戦略..230
卓越を目指す差別化戦略...231
他人からの知識の獲得はコストが安い.............................232
他人から得た知識は価値が低い......................................232
卓越性の追求..234
かけ合わせによる差別化戦略..235
ふたこぶの知識...236
連続スペシャリスト...239
新入社員の戦略案..240
組織の境界をまたぐ知識の貿易商戦略..................................240

知識を創造する 243

索引...245

第 1 章

新しいことを学ぶには

「はじめに」では、学びのサイクルが「情報収集・モデル化・検証」の3要素から成ることを駆け足で学びました。本章では、その3要素それぞれを詳しく掘り下げていきましょう。

学びのサイクル

本章の話を具体的にイメージしやすくするために、まずは私がどのように感じているかを図とたとえ話で紹介します。

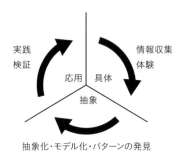

学びのサイクル（再掲）

「はじめに」で学んだ学びのサイクルには、情報収集をして、モデル化をして、検証をする、という3つの要素がありました。この3つの要素は、それぞれ3つの方向に対応しています。情報収集は、水平に広がっていくイメージです。モデル化は、高く積み上げていくイメージです。そして検証は、裏に隠れているイメージです。

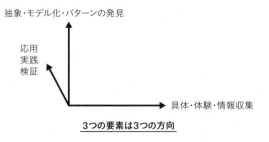

3つの要素は3つの方向

情報収集

　情報収集は箱を集めるイメージです。ここでは情報を箱にたとえています。情報収集は、たくさんの箱を集めて並べていく作業です。しかし、情報収集だけをたくさんやっても、箱が平たく並んでいくだけで積み上がりません。

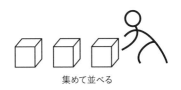

集めて並べる

情報収集の絵

モデル化・抽象化

　モデル化・抽象化は、箱を積み上げていくイメージです[注1]。

　情報収集によって集めた箱の上に、新しい箱を一つずつ積み上げていきます。支えとなる土台なしに空中に箱を置くことはできません。なので、情報収集によって集めた箱を土台とし、その上に一つずつ積み上げることで、徐々に高みを目指すのです。このたとえ話では、抽象的とは高い位置にあること、具体的とは低い位置にあることです。

　土台なしに空中に箱を置こうとしても、下に落ちてしまいます。抽象的な概念だけを学ぼうとしても、ただ情報を丸覚えしただけになってしまうわけです。箱が落ちてしまった人は、その概念を具体的に掘り下げることができません。

注1　日本語では「深い理解」と下方向の表現をしますが、私は集めた知識が土台になることから上方向が自然だと感じています。

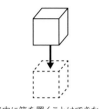
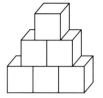

空中に箱を置くことはできない　　土台から順に積む必要がある

モデル化・抽象化の絵

　上に積む箱は、収集したものに限りません。集めた箱を眺め、考えることによって、自分で新しく作り出すことも多いです。この、新しい箱を作り出すこと、つまり抽象的な知識を作り出すことが「モデル化」です。「モデル」とは、上に積まれる箱なのです。

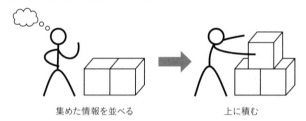

モデル化：集めた情報を並べ、考え、上に積む

　たとえば本に書かれている文章は、文字にする段階で著者の具体的な経験からいろいろな情報が削ぎ落とされ、抽象的な情報になっています。著者は具体例などを入れて支えとなる箱を提供しようと努力しますが、あなたがどんな知識を持っているのか著者にはわからないので、支えとなる箱が足りないことがあります。そういうときは、あなた自身が考えることによって、足りない箱を作り出していく必要があります。

　箱は積み上げている最中に崩れてしまうことがあります。数学の知識は真四角のブロックです。一方、そのほかの分野のブロックは少しいびつです。数学ではブロックを正確に積んでいくので、とても高い塔が作れます。とても抽象度の高い知識にたどり着けるわけです。しかし、ほかの分野では、数学と同じように積もうとすると崩れてしまいます。だから、多くの情報を収集して、多くの箱で支えるようにして、ピラミッド状に積む必要があります。

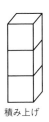 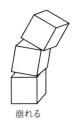

数学は正確に積み上げられるが、そのほかの分野は崩れてしまう

　ここで情報収集の具体例を挙げます。まず、Pythonにはリストというものがあります。

```python:リストの例
[1, 2, 3]
```

　また、タプルというものもあります。

```python:タプルの例
(1, 2, 3)
```

　今、あなたは2つの新しい情報を得ました。これが情報収集によって箱を得て、2つ並べた状態です。
　リストとタプルはよく似ています。いったい、何が違うのでしょう？この疑問が学びの原動力になります。そしてその原動力に突き動かされて、何が違うのかを調べてみたり、プログラムの中のリストで書かれているところをタプルに書き換えてみたり、その逆をしたりします。こういう活動によって新しい知識が得られます。私はこの活動を、2つの箱の上に箱を積むイメージでとらえています。

実践・検証

　実践して自分の理解を検証することは、情報収集やモデル化に比べると目立ちません。たとえばあなたがプログラムを書くときに、実践して、理解が間違っていることに気付いて、少し変えてまた実践して、と試行錯誤したとしましょう。最終的なソースコードには、試してうまくいかなかった実装は残りません。実験を繰り返して何かを作り出し、それを発表する

場合も、うまくいかなかった実験のことはあまり話されません。実践による理解の検証は、最終的な結果の後ろに隠れています。なので、学びのサイクルの中で、この検証フェーズの存在は見落とされがちです。

　Thomas Alva Edison（エジソン）は白熱電球を完成させるまでに何万回もの実験をし、うまくいかない経験をしました。そのことを「たくさん失敗した」と表現した記者に対して、エジソンは「私は失敗をしたことはない。1万通りのうまくいかない方法を見つけただけだ」と答えたと言われています[注2]。

　プログラミングでもそうです。プログラムを書いて最初に実行したとき、そのプログラムは高い確率で期待と違う動きをします。期待と現実のギャップに注目してみましょう。なぜ期待と違う動きをするのか？ どこまでは期待どおりに動いていて、どこから違うのか？ この疑問を解明していき、何度も修正をして、ようやくプログラムは正しく動くようになります。

　この試行錯誤の過程はあまり他人には見せませんが、少なくとも私は公開している成功事例の何倍もの試行錯誤をしていますし、教科書のない問いに答えを出そうとしている人は誰でもそうやっているのだと思います。

　箱でたとえると、試行錯誤は奥行き方向に並んでいます。正面からは、最終的に成功したやり方の箱だけが見えます。他人の活動を見て「どうしてこんなやり方を思い付いたのだろう、自分には思い付かないな、彼は天才なのかもしれないな」と思うことがあるかもしれません。それは、あなたが一番手前の箱しか見ていないからそう感じるのです。

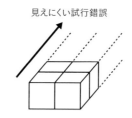

試行錯誤は他人から見えにくい

注2　I have not failed. I've just found 10,000 ways that won't work. なお、本当にエジソンがそう言ったのかどうかについては論争になっています。

サイクルを回す原動力：やる気

　学びのサイクルを回すには、原動力が必要です。一言で言えばそれは「やる気」です。第2章では、やる気について延べ12,000人以上の調査データに基づいて詳しく解説しますが、ここではその前提になるところを少しだけ掘り下げて考えてみましょう。

生徒としての学びと大学からの学びの違い

　中学などで典型的な、先生に教わる学び方と、大学生以降で徐々に求められるようになる、自ら学ぶ学び方を比較してみましょう。前者を受動的な学び、後者を能動的な学びと呼ぶことにします。

■── 教科書が与えられる

　まず、受動的な学びでは、何を学ぶかを他人が決めます。中学ならばカリキュラムで決められています。教科書に書かれているものが正しく、書かれていないものは正しくないとされます。どの教科書を使うかを自分で選ぶことはできません。あなたは与えられた教科書を受け取るだけです。一方で、能動的な学びでは、何を学ぶかを自分が決めます。どの教科書を選ぶかも自分で決めます。学びたい内容によっては教科書が存在しないこともあります。

　受動的な学びと能動的な学びの比率は、大学で逆転します。

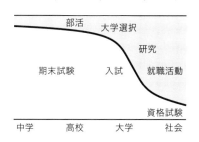

受動的な学びと能動的な学びの比率

第1章 新しいことを学ぶには

サイクルを回す原動力：やる気

　大学では「先生に教わるのではなく自分で学ぶ」という姿勢を求められます。たとえば選択科目という形で、自分が何を学ぶかの意思決定を求められることが増えます。また、参考図書が示されても、それを買うかどうかの判断は任されることが多くなります。卒業研究では、自分でテーマを決め、自分で学び、考え、新しい知識を生み出すことが求められます。しかし、この変化に気付かず、能動的に学ばないまま大学を卒業してしまう人もいるようです。

　中学の期末試験では、正解と同じ答えを出すことが求められます。しかし大学での研究では、まだ誰も正解を見つけていない問題に答えを出すことが求められます。

　中学の期末試験の問題は、教わった「正しい方法」のとおりに行動すれば、必ず答えが出るように作られています。しかし、大学や実社会での未解決問題には、確実に答えが出る方法はありません。もし確実に答えが出る方法があるなら、その問題はすでに解かれて残っていないからです。指導教官の先生は研究方法のアドバイスをしてくれるかもしれませんが、それは「確実に解ける方法」ではなく「解ける可能性の高そうな方法」にすぎません。教わったとおりに行動しても確実に成果が出る保証はありません。自分で能動的に学び、考えていく必要があるのです。

　受動的な学びしかできないままだと、周りの人は「この人は言われたとおりに動くことしかできない人だ」と考え、決まりきったやり方を繰り返すタイプの仕事を与えるようになります。自分で学ぶことができない人の考え方を変えるのは難しいからです。

■──── **学ぶ時間はどれくらいあるか？**

　次に時間についてです。あなたが中学生のときには、週に5〜6日学校に行って、1日に何時間も強制的に学ばされましたね。逆に言えば、1日に何時間も学ぶ時間が確保されていました。大学生でも、学びたいことを学ぶために、多くの時間を使うことができます。

　一方社会人になると、学生のころに学ぶことに使っていた時間が、仕事をするために使われてしまいます。学ぶための時間は誰も与えてくれないので、自分で捻出しなければいけません。通勤時間や早朝の時間を学びに使う人もいます。勤務時間中に学びたいことを学ぶことができるなら、それは恵まれた状況です。

■──── 学ぶお金は誰が出すのか？

　学ぶのにかかるお金にも似た構造があります。たとえば多くの中学生は、生きていくための食費・住居費と、学ぶための学費を親が支払っています。なので、費用の心配をすることなくただ学ぶことに専念できます[注3]。一方で、社会人は両方の費用を自分で稼いで支払います。まず生きていくための費用を稼ぐために、時間を使う必要があります。そのうえで、学ぶための費用も自分で支払います。技術書が1冊3,000円で、1ヵ月の食費が3万円なら、1冊の本は3日分の食費に相当するわけです。

■──── 逆風

　中学生のころと比べると、社会人には学ぶことに対してとても強い逆風が吹いていることがわかりました。この逆風に負けずに限られた時間やお金を学びに使っていくには、強い「やる気」が必要です。これがサイクルを回す原動力です。ボートにたとえるならエンジンです。

　私は「だからやる気を出せ」などと言うつもりはありません。やる気を出せと言われてやる気が出るなら苦労しません。私の主張は逆です。

　仮にあなたが社会人で、今「学んだほうがよいんだけどな」と思っていることがあるとしましょう。たとえば「英語を勉強したほうがよいんだろうな」などです。それを学ぶことに強い「やる気」が出ないのであれば、それを学ぶことは不可能です。逆風の中で弱いエンジンを回しても進めません。それを学ぶことは諦めて、よりやる気の出ることに気持ちを切り替えたほうがよいです。やる気は貴重なリソースなので、どういうテーマならやる気が出るのか、自分をよく観察して知ることが必要です。「やるべきなんだけどやる気が出ない」と言ってダラダラするのは、もったいない時間の使い方です。能動的な学びにおいて、やる気の出るテーマを見いだし、何を学ぶかを決めるのはあなた自身です。

　もし何か、おもしろいテーマが見つかり、やる気の火が付いたなら、消えないように燃料を注ぎ続けたいです。次は、どうすればやる気を維持できるのかを考えてみましょう。

注3　もちろん世の中には家庭の事情により、自分で学費を稼がないといけない学生もいます。

やる気を維持するには？

やる気は行動と報酬のサイクルによって維持されます。行動に対してすばやく報酬を得られることが大事です。具体例で考えてみましょう[注4]。

■── ゴールは明確に

あなたがプログラミングを学びたいと思っている、プログラミング未経験の人としましょう。このとき「プログラミング言語Pythonをマスターしよう」という目標を立てるのは、典型的なバッドパターンです[注5]。

あなたは、ゴールがどこにあるかわからない、何キロ走ればよいのかわからないマラソンを完走できますか？ やる気を維持できる人はまれでしょう。プログラミング言語の学習も同じことで、どこまで進んだら「マスターできた」という実感が得られるのか不明確です。これではやる気の維持が困難です。やる気を維持するためには、ゴールは明確なものにする必要があります。

■── チュートリアルはゴールを近くする

また、そのゴールはなるべく近いほうが良いです。最初から42キロのフルマラソンにチャレンジするのは無謀です。まずはもっと短い距離から始めて、ゴールインの喜び、達成感を早く感じることが大事です。これを活用しているのがゲームによく使われる「チュートリアル」です。

多くのゲームは、操作方法を学ばなければプレイできません。人はどうやってゲームの操作方法を学んでいるでしょうか？ 説明書を開いて「よし、操作方法をマスターするぞ」と読みはじめているでしょうか？ 多くのゲームでは、操作方法を学ぶための特別のシナリオを用意しています。「チュートリアル」と呼ばれることが多いです。

チュートリアルはどのように設計されているでしょうか？ まず情報が与えられます。たとえば「Xボタンを押すと武器を振ります」です。次に実践的な課題が与えられます。たとえば「敵が現れました！ 倒しましょう！」です。あなたは得た情報をもとにどうすればよいかを考えて、実践します。たとえばXボタンを押して武器を振り、敵を倒します。こうして課題が達成され

注4　ここで言う「報酬」は達成感や楽しさ、他者からの注目・称賛などの、自分にとって心地良く感じるもの全般を指しています。金銭的なものには限りません。

注5　今後言及しやすくするために、このパターンに「達成条件が不明確」と名前を付けます。アジャイル開発手法の一つスクラムでは達成条件を「Doneの定義」と呼びます。

て、あなたは達成感を感じます。この一連の流れが短い時間で繰り返されます。あなたはストレスなく楽しみながら操作方法を学ぶことができます。

　これがうまく設計されたチュートリアルの効果です。実はプログラミング言語の学習にも、同様の効果を狙って「チュートリアル」が用意されていることが多いです。短いプログラムを対話的に実行したり、簡単なプログラムを実際に作ってみたり、数分〜数時間の投資で達成感が得られるように設計されています。

Column

SMART criteria

　「ゴールは明確に」(10ページ)に関連して、目標設定をするときに気を付けるべきこととして1981年に提唱されたSMART criteriaを紹介します[注1]。Specific、Measurable、Assignable、Realistic、Time-relatedの頭文字を取って、SMART(スマート：賢いという意味の英単語)と呼ばれています。

　この5項目を簡単に解説すると以下のようになります[注2]。

- Specific：改善を行う具体的な領域が明確である
- Measurable：量、もしくは少なくとも進捗がわかる指標がある(計測可能)
- Assignable：誰が計画の実行をするのかが明確である
- Realistic：現実的に達成可能である、実現に必要なリソースが与えられる
- Time-related：いつ結果が得られるかが明確である

　これは組織の目標設定を想定して作られた基準なので、個人が目標を立てるときには多少オーバースペックです。「これらの基準をクリアしていなければならない」と考えると、目標を立てること自体が心理的負担になってしまいます。ですが、悪い目標がなぜ悪いかを理解する助けにはなると思います。

注1　Doran, G. T. (1981). "There's a S.M.A.R.T. way to write management's goals and objectives". *Management Review*, 70 (11), 35-36.

注2　AをAchievable(現実的に達成可能である、必要なリソースが与えられる)RをResponsible (誰が計画の実行に責任を持つのかが明確である)とする人もいます。ここで紹介したものとはAとRが入れ替わっていますが、内容はほぼ同じです。

大学に入りなおすべき？

社会人の読者から、体系的な知識を得るために大学に入りなおしたほうがよいだろうか、と質問されることがあります。この件について少し考えてみます。

まず「体系的な知識を得る」は達成条件が不明確ですね。「体系的」という言葉の意味が不明瞭です。

また、大学に行くとほかでは手に入らないような秘密の知識を教えてもらえるという誤解をする人もいるようですが、大学はそういうものではありません。大学で行われる「研究」は、まだ世界にない新しい知識を作り出す活動です。教科書に書かれているものや、他人から学べるものは、すべてもう世界にある知識です。

詳しい先生が参考書を選んでくれたり、課題を出してくれたりするメリットはあります。ですが、大学は自分で能動的に学ぶ場です。教えてもらいたいという理由で大学に行っても得るものは少ないでしょう。

■──── もっと気軽な方法

大学に入ることは、時間もお金もたくさん消費します。なのでためらいを感じる気持ちはよくわかります。実は世の中にはもっと低コストに大学教育を受ける方法があるので、まずそれを試してみてもよいでしょう。

まず、MOOC(*Massive Open Online Course*)[注6] という、オンラインで講義が受けられるしくみがあります。具体的な構成はサービスや講義によって違いますが、「講義の動画を見る」「講義の内容に関するクイズに答える」を繰り返す形が一般的です。小さいゴールを順番に達成していく、チュートリアルに似た構造ですね。

日本語のコンテンツが良い場合、たとえば1981年に設立された放送大学(*The Open University of Japan*)の授業は、テレビがあれば誰でも視聴できます。ほかの大学や研究所でも公開講座を開催することがありますので、探してみましょう。

また、多くの大学は「聴講生」や「科目等履修生」という参加しやすい制度を用意していることが多いです。社会人大学院生の受け入れに積極的な大

注6　2008年に提唱された言葉です。具体的なサービスとしては、2018年現在ではCourseraやedXが有名です。

学では、授業を土日や平日の夜に行うなど、社会人が学びやすい制度を採用しています[注7]。学位に興味がなければ、聴講生として授業を受けるとよいでしょう。学位を取ることを目指すなら、科目等履修生で受けやすい時間の興味のある授業を履修して少しずつ単位を集め、十分集まってから正課生(普通の学生)として入学して学位を得ることもできます[注8]。

良い参考書を見つけるコツ

「参考書をどう選んだらよいだろう」という質問もよく聞かれます。これも「体系的な知識を得るために大学に入りなおしたほうがよいだろうか」という質問と関連しているように思います。大学では「体系的な知識」を得るのに最適な参考書が使われているのではないか、というわけです。この件について掘り下げます[注9]。

まず、紙の本のメリットとデメリットについて考えてみましょう。

「参考書」と言ったときに、暗黙に紙の本を仮定する人が多いです。たしかに、紙の本にはある種の信頼があります。たとえばクジャクのオスは大きな尾羽を持つのですが、この尾羽はクジャクが生きていくうえで役に立ちません。そんな役に立たないものをなぜ作るのでしょう？ 大きな尾羽を作るのにたくさんの栄養が必要なため、大きな尾羽を持っていることが「私はエサを集める能力が高いです」とアピールするシグナルとして機能したからだという説があります[注10]。メスがオスを選ぶときに、エサを集める能力の高さを直接観察できません。そこで観測しやすい尾羽によって判断するわけです。

同様に、人間の知性も観察が難しいです。かつて紙の本を作るコストが高かった時代には、ある人が紙の本の著者であるということが「高いコストをかけて出版しても、買う人がたくさんいて赤字にはならないだろう、と出版社が判断した」という知性のシグナルとして機能しました。紙の本に対する信頼はこうやって生まれました。

しかし、電子機器を用いた出版技術の進歩によって、本を作るコストは

注7　具体例として、私が社会人大学院生として通った東京工業大学の技術経営専攻はこの制度を採用していました。

注8　私は2018年の4月から成蹊大学法学部の授業を聴講しています。

注9　第4章「棚を見る」(129ページ)では、本を選ぶための「棚見」という方法論を紹介しています。

注10　「ハンディキャップ理論」と呼ばれています。

下がりました。紙の本にもいろいろな種類が生まれました。たとえばオンデマンド印刷[注11]では、書籍通販サイトがその書籍の注文を受けたあとで、必要な量だけを印刷して販売します。これらのコスト削減によって、従来は通らなかった企画も通るようになり、質の指標として機能しにくくなりました。今の時代、もはや「紙の本だから良い」とは言えなくなっています。

また、紙の本には、物理的な制約が付きまといます。私がPythonに関して一番よく読んだ資料[注12]は『Pythonライブラリリファレンス』[注13]ですが、これはインターネット上でHTMLとPDFで公開されているものです。全部で1,000ページ以上もあるので、もし紙の本として出版しようと考えると、物理的にとても重たく、販売価格も高くなります。すでに無償で公開されていて、電子的な物のほうが検索ができて便利です。この資料が紙の本として出版されることはきっとないでしょう。教科書を紙の本に限定すると、この種の資料を取りこぼすことになります。

紙の参考書を選ぶコツ

これを踏まえて、紙の参考書を選ぶコツを紹介します。

■——— 大学の講義の参考図書に選定されている

多くの大学はシラバス(講義情報)を公開しています。そこに参考図書が書かれているので、それを参考にするとよいでしょう。特に学部1年の授業は「去年まで高校生だった人」を対象に行う授業なので、前提知識が少なくても読めるものが選ばれていることが多いです。ただし著者が講師本人のものと、師弟関係や同じ大学の同僚であるものは除きます。複数の大学で選ばれていると安心ですね。

■——— 正誤表が充実している

どんなに気を付けていても、複数人でレビューしても、人間はミスをします。紙の本はすぐには修正できないので、正誤表を公開しておき、次の刷を出すときに修正します。出版社のWebサイトには、その本についての

注11　具体的にはKindle Direct Publishingなどを指します。
注12　いずれかのページを開くことを1回とカウントするなら確実に1,000回以上読んでいます。
注13　2018年時点では下記のURLからダウンロードできます。
　　　https://docs.python.org/3/download.html

公式ページがあり、そこに正誤表があるはずです。正誤表がない本は、最初から完璧だったか、著者に改善していく気がないかのどちらかですが、前者である可能性はとても低いでしょう。

■──── 改訂されている・ロングセラーである

改訂版が出ることは、組版をやりなおすほどの大幅な情報の追加・修正があったことを示しています。また、組版やりなおしのコストをかけて大丈夫だと出版社が判断した証拠です。多くの場合は長期的に大勢の人に買われているロングセラーでしょう。日々新しい本が出版されていますが、ロングセラーになるのはごくわずかです。内容の正しさが担保されるわけではありませんが、時の試練を耐え抜いた本であることは参考になるでしょう。

ベストセラーは、多くの人が買った本です。これも質の指標になると思うかもしれませんが、少し注意が必要です。ベストセラーになった本は、話題になり大勢の人が短期間に集中して買っただけです。それを買った人が読んだのかどうか、読んで良い本だと思ったのかどうかはわかりません。たくさんの人が買っているなら、あなたの周囲にもきっと買った人がいるはずです。その人がどう思ったかを聞いてみるのも手でしょう。

情報収集の3つの方法

さて、ここからは学びの3つのプロセス「情報収集・モデル化・検証」について、それぞれ掘り下げて考えてみましょう。まずは情報収集についてです。

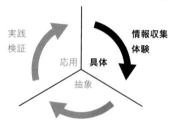

まず具体的に情報収集

「情報収集」を漠然ととらえていると、どこから手を付けてよいかわかりません。達成条件が不明確ですね。なので、まずもっと小さい単位に分割し、近いゴールまで走ることを目標にしてみましょう。そこで「情報収集」を分割する方法について考えます。

知りたいところから

まずはあなたが「知りたい」と思うところからやりましょう。あなたの「知りたい」という気持ちが「やる気」を高め、学びのサイクルを後押ししてくれます。たとえば本章を読んで「Pythonのリストとタプルの違いについて知りたい」と思ったなら、その解説を探して読む、というアプローチです。

特に、具体的に作りたいものがある状況はチャンスです。手を動かしはじめると、たくさん知りたいことが生まれます。それをどんどん解消していくことで、高いやる気を維持しながら学ぶことができます。

■——— 遅延評価的勉強法

この方法は「遅延評価的勉強法」[注14] とも呼ばれています。

遅延評価とは、プログラムの実行順序に関する用語です。たとえば次のようなソースコードがあるとしましょう。

```
task3(task1(), task2())
```

大部分のプログラミング言語で、このコードは「task1を実行して結果を得る、task2を実行して結果を得る、task3を実行して結果を得る」という順で実行されます。一方、遅延評価の言語では「task3の結果が必要になったら、task3の実行を開始する。その中でもしtask1の結果が必要になったら、task1を実行して結果を得る。もしtask2の結果が必要になったら、task2を実行して結果を得る」という順で実行されます。必要とされなければ実行されません。また、その実行順は「task1をやってからtask2」ではなく「必要になった順」です[注15]。

勉強も同じようにやったらよいのではないかというのが、遅延評価的勉

注14　遅延評価的勉強法という言葉は2008年にソフトウェアエンジニアの天野仁史が提案しました。

注15　遅延評価の言語は必要ないものを計算しないから効率が良い、と言われます。一方で「あとで必要になったら計算する」という手順メモのようなもの(サンク、thunk)をたくさん作るので、メモリをたくさん消費します。

強法です。本を1ページ目から読んでいくのではなく、目的を分割して、目的に必要なところから飛び飛びに読んでいきます。そうやって断片的に集めた情報が、ジグソーパズルを組み上げるようにあとからつながっていく、という考え方です[注16]。

■──「そんなの必要ないよ」YAGNI原則

YAGNI（*You Aren't Gonna Need It*）原則は、ソフトウェア開発手法の一つエクストリームプログラミングで提案された原則の一つで、「必要になるまで機能を追加してはいけない」というものです。提唱者の一人Ron Jeffriesは、必要になりそうだからという理由で実装するな、本当に必要になってから実装しろ、と主張しています[注17]。

その理由は以下の3つです。

- 今考えないといけないことは「今どうあるべきか」なのに「将来的にはこうかもしれない」と考えるのはミッションから気を散らしている
- 時間は貴重だ
- 実際に必要にならなかったら、その実装に使った時間と、それを読む人の時間と、その実装が占める空間が無駄になる

勉強でも同じで、時間は貴重ですし「必要になるかもしれない」と言って学んだことが必要にならなければ時間は無駄になるでしょう。一方、学生のときは必要だと思わなかった数学の勉強が、10年経ってから仕事に必要になったりすることもあります。「将来的に必要かどうか」の判断を事前に正確に行うことはできません。

私が「エンジニアの学び方」[注18]を書いたときには、この項の見出しは「知りたいところから」ではなく「必要なところから学ぶ」でしたが、誤解を招く表現でした。読者によって「必要」という言葉の解釈が異なるのです。「必要」には「自分のやりたいことがあって、そのために必要」と「他人が必要だと言っている、将来的に必要になると言われている」の2つの解釈があります。私が想定していたのは前者ですが、後者を連想する方も多いようです。

注16　事後的につながっていくという考え方は、第7章「過去を振り返って点をつなぐ」（227ページ）で紹介するSteve Jobsのスピーチとも関連しています。

注17　You're NOT gonna need it!
　　　https://ronjeffries.com/xprog/articles/practices/pracnotneed/

注18　西尾 泰和著「エンジニアの学び方」『WEB+DB PRESS Vol.80』、技術評論社、2014年

思い出してみましょう。学びのサイクルを回すためには、やる気の維持が大事です。そしてゴールが遠いとやる気の維持が難しいです。では「将来必要になる」は近いゴールでしょうか、遠いゴールでしょうか。遠いゴールですね。そういう遠いゴールを目指すのではなく、もっと近い「今、自分のやりたいこと」を目指していくことが、やる気を高めるコツです。

■──Matzのソースコードの読み方

プログラミング言語Rubyの作者まつもとゆきひろ（Matz）は、ソースコードの読み方についてこう言っています。

> わたしが過去にどのようなソースコードの読み方をしてきたのかを振り返ってみると、プログラミング能力の向上を目指したコードの読み方のヒントがあるかもしれません。まず1つは、「全体を読もうとしない」ことです。ソースコードには「物語」はないので、全体を通して読む必要はありません。面白そうなところをつまみ食いして、先人の知恵を学べばそれで十分です。もう1つは、「目的を持って読む」ことです。何かを学ぼうと思ってソースコードを読めば、効果的に読解して知識を得ることができます。
>
> ——第10回　ソースを読もう(1/2) - ITmedia エンタープライズ
> http://www.itmedia.co.jp/enterprise/articles/0712/26/news015.html

つまり、何かを学ぼうという目的を持つこと、全体を読もうとするのではなくつまみ食いをすることが大事です。

遅延評価的勉強法、YAGNI原則、Matzのソースコードの読み方、という3つの考え方を紹介しました。3つに共通する点が感じられたかと思います。

知りたいところから学ぶための前提条件

知りたいことに集中するこの学び方は、やる気高く楽しんで学べる、理想的な学びです。しかし、これが機能するにはいくつか前提条件があります。

■──目標が明確化されている

まず、目標の達成条件が明確であることが必要です。「勉強する」は不明確です。「Rubyをマスターする」も不明確です。不明確なままではいくら時

間を投入しても達成できず、心が折れます。「Rubyの処理系をソースコードからビルドする」なら明確です。「Pythonのリストとタプルの違いをわかる」は「わかる」の程度が不明確です。「Pythonのリストとタプルの違いについて検索して読む」なら明確です。

■───目標が達成可能である

次に、目標が達成可能であることが必要です。あなたにとってほど良い距離にゴールが必要なわけです。これは、他人が何を目標にしているかではなく、あなたがあなた自身に適切な目標を決める必要があります。

たとえば、今からプログラミング言語を学ぼうという人が、目標としてすごいゲームを作ろうと考えたとします。これは未来の方向性としては良いのですが、達成方法はわかるでしょうか? わからなければ、ゲームの中の重要そうな要素を抜き出して、もっと近い目標を作る必要があります。ユーザーの操作に反応することが重要だと考えたとしましょう。実現方法はいろいろありますが、たとえば「ゲームパッドのボタンを押すと背景色が変わる」というプログラムは近い目標になるでしょう。この目標も達成方法がわからないなら、さらに近い目標を作る必要があります。

■───大まかに全体像を把握している

目的が明確で、目標がたどり着けそうでも、まだ十分ではありません。必要な情報を見つけるためにどこを探せばよいのかがわかる必要があります。

たとえば、あなたが自分の家から少し歩いたところに文房具屋があることを知っていたなら、文房具が必要なときにそこに買いに行くことができます。あなたはその文房具屋の品ぞろえや、店の中の商品の配置を事前に知る必要はありません。そこに行けば文房具がたくさんあるということだけを把握していれば、必要になったときにそこに行って棚を眺めればよいです。

情報についても同じです。たとえばプログラミング言語の各種ライブラリについて、事前にすべての関数名を知る必要はありません。どこにその情報がまとまっているか、たとえばWebサイトなどを把握し、必要になったときにそのWebサイトを開いて眺めればよいのです。

すべてを詳細に知ろうとするのは良くないゴール設定です。「全部を詳細に知る」というゴールがものすごく遠いからです。可能かどうかも怪しいです。これは最初から世界中すべての店の配置を把握しようとするのが無茶なゴール設定なのと同じです。まずは大まかな地図を作り、徐々に

詳しくなればよいのです。

　大まかな全体像をどうやって把握していくのか、これは次の項「大雑把に」で深く見ていきます。

大雑把に

　知りたいところから学ぶためには、大まかに全体像を把握していることが必要だと説明しました。

　この「全体像を把握」という言葉を重たくとらえてしまう人もいます。たくさん勉強したあとでたどり着くゴールが「全体像を把握」なのだ、という誤解です。「大まかに全体像を把握」というフレーズの中で、一番大事なのは「大まかに」です。次に大事なのが「全体像を」です。狭い一部分だけを詳

Column

見つける力は10年後も必要か?

　紙の本が主要な情報源である場合には、どの本のどのあたりに目的のものが書いてあるかを知ることが大事でした。検索技術が進歩したことで、電子的な情報の中から必要なものを見つけるコストは格段に下がりました。また、ユーザーが解決したい課題を投稿し、それにほかのユーザーが解決方法を投稿できる Web サービス[注1]が出現したことで、プログラミング上の具体的な課題を検索するとかなり高い確率で解決策が見つかるようになりました。

　技術の進歩によって情報収集のコストが下がります。私が本書で言及している書籍・論文はほとんどが電子化されており、PCやタブレット端末から電子的に検索できるようになっています。「英語で検索して質問解答サイトを見る」といった新しい情報収集手段も生まれています。紙の本の時代は、全体像を把握し「このあたりにあるはずだ」と考えられる能力がとても重要でしたが、10年後もそうなのか私は自信がありません。

　ただ、「検索」は「誰かが経験して書いたこと」を見つける技術なので、まだ誰も経験していないことについては答えが見つかりません。「誰かが経験したこと」の情報収集コストがどんどん安くなれば、みんながそこをすばやく通り抜けるようになり、より多くの人が「まだ誰も経験していないこと」と取り組むことになるでしょう。

注1　2018年現在、私は具体的には英語圏の Stack Overflow をイメージしています。なので「検索」も英語での検索をイメージしています。

細に見るのではなく、おおざっぱにぼんやりとでもよいので全体を見るのです。それをすると、何か必要なものを探そうとしたときに「確かあのあたりにあった気がする」と絞り込むことができるようになります。

■―― 1,000ページ以上ある資料も、目次はたった6ページ

たとえば、Pythonライブラリリファレンスは1,000ページ以上あります。これを全部読もうと考えると、大変過ぎて心が折れそうです。しかし、目次は6ページしかありませんし、章見出しはたった34行しかありません。これなら読んでみようという気も起こるでしょう。まずここを読みましょう。そうするとあなたは、とても大雑把にではありますが、全体像を把握した状態になります。

書籍やこういう大規模な資料では、冒頭に目次を置くことが一般的な慣習として行われています。それは全体像を把握しやすくするためです。多くの速読の教科書では、目次や章タイトルに注目することを勧めています。まずは大まかに、徐々に詳細に、というわけです[注19]。

■―― ソースコードを段階的に読む

ソースコードを読むときにも、やはりまずは大まかに、徐々に詳細に読みます。『Rubyソースコード完全解説』[注20]序章の「ソースコードを読む技術」では、いきなり詳細に関数の中身を読むのではなく、以下のように徐々に詳細化するように説いています[注21]。

- 内部構造を解説したドキュメントがあればそれを読む
- ディレクトリ構造を読む
- ファイル構成を読む
- 略語を調査する
- データ構造を知る
- 関数どうしの呼び出し関係を把握する
- 関数を読む

注19　書籍の読み方に関しては第4章で詳しく解説します。

注20　青木峰郎著／まつもとゆきひろ監修『Rubyソースコード完全解説』インプレス、2002年。書籍の全章がWebページでも公開されています。
　　　http://i.loveruby.net/ja/rhg/book/

注21　このステップは「静的な解析」と呼ばれています。その手前に「目的の具体化」と「動的な解析」があります。目的の具体化は、本章の前節の内容と同じですね。「動的な解析」はソースコードならではの、実行して振る舞いを観察するアプローチです。

「内部構造を解説したドキュメント」は、書籍では前書きの一部として入っていることがあります。ディレクトリ構造やファイル構成は、書籍では見出しに相当します。その後、略語[注22]や、関数間で共有されるデータの構造、関数どうしの関係などを調査して、最後にようやく関数の詳細な実装を読むわけです。

■―― ドキュメントの大まかな構造

実話を例に挙げます。先日「Pythonのglobalはファイル単位のスコープだ」という話を某所でしたところ、Xさんに次のように質問されました。

> 『Python言語リファレンス』のglobal文の説明にはそんなこと書いていないけど、どこに書いてあるの？

これを聞いた私が最初に思ったことは次のことでした。

> 『Pythonチュートリアル』に書いてあったはず。あと『Python言語リファレンス』を見るにしてもそこは文法定義の章だから違う。もっと手前に実行モデルの章があったはずだ。

そして数回Googleで検索して、次のように答えました。

> 『Pythonチュートリアル』の「9.2. Pythonのスコープと名前空間」に書かれています。あと『Python言語リファレンス』で言うなら「名前づけと束縛(naming and binding)」です

Xさんはけっしてプログラマーとして能力が劣るわけではありません。違いは、私にはPythonのドキュメントの大まかな構造がわかっていたという点です[注23]。

注22 略語は、頻出する概念で、毎回書くのが面倒だから略されるわけです。そして、略語を使っている本人は略語の意味を理解して書いており、読む人も理解していることを暗黙に前提としています。たとえば「GCと書けば誰でもGarbage Collectionの略だとわかるだろう」と考えてしまうわけです。もし知らない人がいるかもと思って、ドキュメントのどこかに「GCはGarbage Collectionの略」と1行書くだけで済ませるでしょう。すべての出現箇所に説明を付けたのでは略した意味がないわけです。もしあなたが理解していないなら、書いた人と前提が食い違うわけです。だから略語の調査は大事なのです。

注23 Xさんが見ていたのは第7章「単純文」の「7.12節 global文」で、私が指し示したのは第4章「実行モデル」の「4.2節 名前づけと束縛」「4.2.2項 名前解決」でした。

■──── 英語の論文の大まかな構造

別の例を挙げます。昔、私は「この論文を読むとよいよ」と英語の論文を渡されました。それは私の思い付きと似たことをやっている先行事例でした。これを読むと、「自分の思い付きはすでにやられていることだ」という残念な結論になるかもしれません。無意識にそう考えたのか、なかなか読む気が起きませんでした。

数日放置してから、これではいけない、この状態を続けてもこの論文が読まれる時が来ない、と考えました。やる気が出ない状態を解決するには、タスクを刻んでゴールを近くすることが有益です。そこでまず論文を印刷し、25分間で章見出しとキーワードを赤ペンで囲う作業をしました。「論文を詳細に理解する」という不明確で遠いゴールの代わりに、時間を区切って明確なゴールを作り、大まかな構造を頭に入れようとしたわけです。

この25分の作業で、この論文は議論の出発点は私と近いが、途中で私の考えと違う方向へ話が進んでいる、ということがわかりました。この結果「なぜ予想と違う方向へ進んだのか？」の答えを見つけるという「明確な目標」ができ、それがどこに書いてありそうかも大まかに理解できました。

あとは簡単でした。話が違う方向に進んだ原因は、私が「この目的には当然Aにすべきだ」と思うところをその論文がBにしていたことでした。大まかに全体像をつかんだことで私の考えと論文著者の考えがずれはじめるポイントがわかったわけです。

■──── 民法の地図

私は2018年から成蹊大学法学部の教授である塩澤一洋の授業を聴講しています。法学の分野においても全体像を把握することが重視されます。民法には1,000件以上の条文があり、すべてを詳細に把握するのは大変です。一方で、何かを議論しようとしたときに、参照すべき条文がどのあたりにあるかがわかり、そこを読むことができなければいけません。

そこで彼の授業では、まず「民法マップ」という地図を作ります。この地図に書かれる情報は、書籍の目次と同じです。違いはツリー状に表現して、上下の階層をすぐに見つけられるように描くことと、1枚の大きな紙にして、ページをめくらずに全体を見られるようにするところです。

授業の間、ある特定の条文に言及するときには何度もこのマップを見て、その条文が「どこにあるのか」を確認します。たとえば第570条「売主の瑕疵担保責任」は、第3編「債権」の中の、第2章「契約」の中の、第3節「売買」の

中にある、というようにです。

　条文に言及するたびに、3編 債権 2章 契約 3節 売買 570条……と口ずさむので、第3編が債権であることなど上位階層の情報は何度も目にすることになり、自然に頭に入ります。膨大な情報を脳内に体系立てて保存するうえで、地図を毎回根元からたどるのは有用な方法だと思いました。

Column
民法マップの抜粋

　ここで実際の民法マップを紹介したいところですが、A4の紙を何枚もつなぎ合わせて1枚の地図にしているもので、この紙面でそのまま紹介することは難しいです。そこで、私がエンジニア向けの勉強会で債権の概念について説明するときに使った、抜粋バージョンを紹介します。

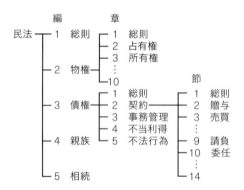

民法マップの一部抜粋

　民法には5つの編があります。「1編 総則」「2編 物権」「3編 債権」「4編 親族」「5編 相続」の5つです。今回、物権と債権だけに注目します。「2編 物権」には10の章があります。今回は、最初の3つだけ紹介します。「1章 総則」「2章 占有権」「3章 所有権」です。「3編 債権」には5つの章があります。全部見ましょう。「1章 総則」「2章 契約」「3章 事務管理」「4章 不当利得」「5章 不法行為」です。2～4章は、債権をその発生原因によって分類したものです。では「3編 債権」「2章 契約」の中を見てみましょう。ここには14の節があります。一部だけ紹介します。「1節 総則」「2節 贈与」「3節 売買」……「9節 請負」「10節 委任」……です。

　債権の発生原因として契約があり、契約の一種として贈与があるわけです。では条文を見てみましょう。

> 贈与は、当事者の一方が自己の財産を無償で相手方に与える意思を表示し、相手方が受諾をすることによって、その効力を生ずる。
>
> ——民法3編 債権2章 契約2節 贈与 第549条

　つまり「この本を無償で差し上げます」と私が言い、あなたが受諾をすること、贈与契約の効力が発生します。そうすると、あなたには私に対して「本を渡せ」と要求する権利が生まれます。これが債権の具体例です。

　紙面はとても限られているのでかなり省略されていますが、民法マップがどういうものかを大まかにお伝えしました。実際には今回省略された編や章についてもすべて書かれています。また「編・章・節」の下に「款・目」があります。そして、マップの末端にはそれが何条から何条までの範囲に対応しているのかが書かれています。例えば「3編 債権1章 総則5節 債権の消滅1款 弁済2目 弁済の目的物の供託 (494-498)」となります。

片っ端から

　大雑把に情報収集できないなら、片っ端からやるしかありません。大雑把な全体像の把握ができない状態は、理解を組み立てるための材料が足りていません。大まかな説明を読んでも頭の中でイメージが湧かないなら、イメージするための知識がそもそも欠けているのです。

　「何から学べば効率が良いか」と考えて足踏みをしてしまうことはよくあります。しかし、最初は「何から学べば効率が良いか」を判断する材料すら持っていません。そこで足踏みをしないで、まずは材料を手に入れることが必要です。

■——写経というテクニック

　新しいプログラミング言語を学ぶうえで「写経」というテクニックがあります。教科書などに載っているソースコードを自分でキーボードで入力し実行する、というものです。効率はとても悪いのですが、まったく知識を持たない人が最初の一歩を踏み出すためには有用です。

　しかし「写経」という言葉が原因で、いくつか誤解もあるようです。「原典に疑問を持ってはいけない」や「雑念を捨てて無にならなければならない」というのは誤解です。それはただでさえ低い写経の学習効率をさらに下げて

しまいます[注24]。書き写しながら、「あれ、これ前にも出てきたな」とか「いつものパターンに似ているけどちょっと違うな」とか考えることが大事です。入力しながら類似点・相違点を発見していくことで、あなたの中でモデル化が進みます。

また「なぜこうなっているのだろう」とか「ここをこう書き換えたらどうなるのだろう」という気持ちが湧いてくるととても良いです。それは「疑問を解決したい」「書き換えて試してみよう」という「明確な目的」につながります。思ったことはコメントとして書き残していくとよいでしょう[注25]。

■──── 数学

「モデル化・抽象化」（3ページ参照）で解説したとおり、数学は、つまみ食いの知識をざっくり並べたのでは上に積んだものが崩れてしまいます。きっちり時間をかけて土台を敷き詰めるしかありません。特に数学書のような、本の前のほうで定義した内容を使って続きの部分を圧縮している本では、ざっと眺めても後半が全然頭に入りません。後半を理解できるようになるために、まずは前半をしっかり理解しなければならないのです。一見逆説的に見えますが、手を動かしながらじっくり時間をかけて読むことで、全体の労力が減るのです。

これは数学に限りません。ざっと眺めてもわからない本は、しっかり読むしかないのです。そして、しっかり読んでもわからないのであれば、手を動かしながら読むしかないのです。

手を動かしながら読むのは、ただ読むのよりもさらに時間がかかります。だから、なんとかして効率化できないかを考える必要があります。まず「必要なところだけ手を動かす」ができないかを考えます。必要なところがどこかわからないのであれば、「全体像をつかむために手を動かす」ができないかを考えます。そしてどちらもできないのであれば、粛々と手を動かすしかありません。しかし、それをやっている間も「重要な点だけ簡潔にまとめられないか」「何度も出てくる単語を記号にできないか」「言葉で説明しているけど図を書いたほうが手っ取り早くないか」と効率化を考えるのです。

注24　認知科学者のCraikとTulvingの実験によれば、長期記憶の強さは、入力に対して行った処理水準が深いほど強くなるそうです。つまり、見たままを何も考えずに書き写すよりも、いろいろ考えながら書き写したほうが記憶されやすいのです（参考：加藤隆著『認知インタフェース』オーム社、2002年、p.69）。記憶については第3章で詳しく紹介します。

注25　第4章で解説する「哲学書の読み方」（126ページ）でも、わからないことを何でも記録することを勧めていて、似ています。

■──── 時間を区切ろう

　本1冊を丸ごと写経するとどれくらいの時間がかかるでしょう。ゴール が見えないのでは、やる気がなくなります。そこで、時間を区切りましょ う。たとえば「今から25分でできるところまで写経するぞ」と目標を設定す るのです[注26]。

　25分やってみると、やる前よりもいろいろなことがわかるようになりま す。「知りたいこと」が生まれているかもしれません。全体像がなんとなく わかったかもしれません。自分がわかることは何か、わからないことは何 か、何をもっと知りたいか、何にはあまり興味がないか、などが写経を行 う前よりも具体的になったはずです。もし何も得られた感じがしないので あれば、その本はあなたのニーズやレベルに合っていません。

■──── 写経は補助輪

　25分でたとえば5ページ写せたとします。教科書が300ページだったら、 ざっくり25時間写経すれば全部を写し終わります。写経に不慣れな人はこ の25時間という見積りを見てひるむかもしれません。それは「25時間かけ なければいけない」と無意識に思ってしまうからです。25時間かけなけれ ばいけないわけではありません。写経は自転車に乗れるようになるまでの 補助輪のようなものです。本を読んでさっぱりわからない状態は、自転車 に乗って倒れてばかりで前に進めない状態と同じです。補助輪を付けるこ とで前に進めるようになるわけです。そして、補助輪付きで走っているう ちにどんどん自転車に乗る技術が向上し、補助輪なしで走れるようになり ます。

　「あなたが効率的な学びをできない最悪の場合でも、25時間写経を続け るれば教科書を1冊写したという実績が得られる」という見積りができるこ とで、漠然と「読んでもさっぱりわからないけど頑張って学ばなきゃいけな い」と思っている状態よりも、やる気を維持しやすくなります。ゴールを明 確にすることの効果です。これによって学びを前に進めることが目的です。 写経は手段であって目的ではありません。そして25時間後をゴールにする のではなく、まずは25分やってみるのです。「チュートリアルはゴールを

注26　「25分」は、『アジャイルな時間管理術 ポモドーロテクニック入門』(Staffan Nöteberg 著／渋川よし き、渋川あき訳、アスキー・メディアワークス、2010年) に従っているのですが、さほど重要なこ とではありません。たとえば通勤時に35分電車で座れるのであれば「今から35分でできるところま でやるぞ！」と区切るのは良いアイデアです。ポモドーロテクニックに関しては詳しくは第2章で紹 介します。

近くする」（10ページ）で学んだ、ゴールを近くすることの効果です。やってみると、どんどん効率的な学びができるようになり、写経の必要性を感じなくなってきます。なぜ補助輪にたとえたのかが実感できるでしょう。あなたが「もう補助輪は必要ない」と思ったタイミングで外してかまいません。もう写経は必要ないと思ったタイミングで写経をやめてよいのです。

■──── 再び写経を必要とするとき

　あなたの中の理解が進むにつれて、写経の必要性を感じにくくなります。たとえばいくつものプログラミング言語を学んでいくと、新しいプログラミング言語を使うときに、写経しなくても理解できるようになります。この状況になると、写経なしでどんな言語でも習得できると感じるようになります。写経はプログラマーとしてのキャリアの初期フェーズにだけ必要なもので、自分はもうそのフェーズを過ぎたのだから写経は必要ないと感じるようになります。プログラミングの得意な読者の中には、今まさにそう感じている人もいることでしょう。

　私もそう感じていた時期がありました。しかし、それは勘違いです。写経なしでどんな言語でも習得できるのではありません。今までに学んだ言語と共通部分の多い言語が習得できるだけです。あなたが写経の必要がないと感じるのは、あなたが新しい分野にチャレンジしていないからなのです。あなたが苦労せずに使える「新しい言語」を学んでいるとき、それは大部分すでに学んだことで構成されており、あなたは新しい概念をほとんど学んでいません。効率良くたくさん学んだつもりになって、実際はあまり新しいことを学んでいないのです。これは良くない精神状態にはまっており、気付いて抜け出す必要があります。

　私がそれに気付いたのは、Alloyというプログラミング言語に出会ったときでした。Alloyは、一般的なプログラミング言語のように命令を並べるものではありません。プログラムの基本的な構成要素が「関係」であって、関係の演算をしたり、事実の宣言をしたりして、モデルを記述していく言語です[注27]。この言語を学ぼうとしたとき、私は本の説明を読むだけでは全然頭に入りませんでした。プログラミング言語の習得力に自信を持っていた

注27　ここでは詳しく説明することはしません。興味があれば『抽象によるソフトウェア設計』を読むとよいでしょう。
　　　Daniel Jackson 著、中島震監訳、今井健男／酒井政裕／遠藤侑介／片岡欣夫訳『抽象によるソフトウェア設計──Alloyではじめる形式手法』オーム社、2011年

時期だったので、理解できないということに当惑を感じました。何かのきっかけで写経のことを思い出し、初心に戻って写経をして、ようやくわかるようになりました。自分が写経のことを忘れていたことに気付き、なぜ忘れていたのか考えることで、自分が新しい分野に挑戦していなかったのだということに気付きました。今では、写経しなければわからないぐらいの新しい分野に、定期的にチャレンジしていくことが大事だと考えています。

抽象とは何か

　この節では、集めた情報から、パターンを発見したり抽象化したりして、モデルが作られていくプロセスについて学びます。

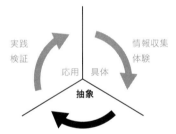

集めた情報が抽象化されモデルになる

　この節の内容は、10年20年経っても陳腐化しない、とても価値の高い知識です。しかし、この節はこの本の中で最も抽象的なので、わかりづらく感じるかもしれません。もしわかりづらければ、読み飛ばしてほかの章を先に読むと、理解を組み立てるための具体的な材料が増えてわかりやすくなるかもしれません。特に第5章で学ぶKJ法は、抽象化を脳の外で行う具体的な手法なので強い関連があります。

　「抽象」という概念はとてもパワフルな道具です。ですが、現時点で「抽象」という概念がどういうものかピンと来ていない人は、どうすればそれを学ぶことができるでしょうか。

　抽象的な概念を学ぶときにはどうすればよいでしょうか？それは本章の

冒頭で学びました。土台の情報収集なしに、いきなり空中に箱を置くことはできません。抽象的な概念は、それを別の抽象的な言葉で説明しても理解につながりません。みなさん自身が箱を積み上げていく必要があります。まずは「抽象」とは何かについて、具体的な情報をたくさん収集し、それを見比べてみましょう。

ここまでの文章では、「抽象」という言葉を少しでも具体的にするために、「モデル化」（モデルを作ること）や「パターンの発見」と併記してきました。このそれぞれを掘り下げていきます。

抽象・abstract

抽象とは「具体的な対象から、注目すべき重要な部分だけを抜き出す」という意味だと言われています。それぞれの文字を掘り下げてみましょう。

象は「ゾウ」という漢字です。転じて「かたち」という意味に使われるようになりました[注28]。たとえば、「対象」の「象」です。具象、印象、象徴、心象風景などの言葉に使われています[注29]。「抽」は、引き出す、抜き出す、という意味です。「抽出」や「抽選」の「抽」です。また「抽斗」は「ひきだし」と読みます。

「抽象的な」という意味の英語abstractについても掘り下げてみましょう。abstractのtractの部分は「引っ張る」という意味のラテン語trahoが語源です。traho由来のほかの単語としては、extract（抽出）やsubtract（引き算）などが「引っ張る」雰囲気を強く残しています。農耕器具などを引っ張る車がトラクターです。ab-は離れていくイメージを添える接頭辞です。normal（ふつう）から離れているのがabnormal（アブノーマル、異常な）です。ここにいるのがpresent（出席・存在）、ここにいないのがabsent（不在）です。

abstractには、要約や概要という意味もあります。論文の冒頭には論文の内容を半ページ程度に縮めたものが付くことが多いのですが、この部分のことをアブストラクトと呼びます。要約とは、文章の重要な部分だけを抜き出したものですね。

注28　大きくて目立つからだ、と言われています。

注29　象徴（シンボル）を使って心象風景を作り出していく手法Symbolic Modellingに関して、第6章「Clean LanguageとSymbolic Modelling」（197ページ）で解説します。

モデル・模型

　次は「モデル」について掘り下げます。「モデル」という言葉は、特に自然科学の分野では「模型」と訳されることがあります。たとえば素粒子の標準模型（*Standard Model*）などです。たとえば子どもが遊ぶ車の模型は、現実の車とイコールではありません。しかし「車を走らせて遊ぶ」という目的を達成するうえで重要な部分だけ抜き出して[注30]作られています。

　モデルは、現実世界のしくみを説明するための簡素化された表現です。現実世界で起きている現象は複雑なので、人間の限られた認知能力でも扱えるように、重要でない部分を削ぎ落としてシンプルにするわけです。

　たとえば高校物理では空気抵抗や摩擦はないものとします。現実世界には存在する空気抵抗や摩擦を無視して問題をシンプルにし、高校生が扱えるようにしているわけです。特に数式を使って表現されたモデルのことを「数理モデル」と言います。数式やプログラムの形でモデルを作ると、実験がやりやすくなります。物理的な実験装置などが必要ないからです。

　モデルは現実の一部を抜き出したものなので、現実と完全一致はしません。このことを指して「すべてのモデルは間違っている」[注31]と言います。

　モデルの価値は、現実との一致度ではありません。モデルの操作が、現実を直接操作することに比べてどれくらい低コストになるかです[注32]。

　凄腕のプログラマーは、プログラムにトラブルが起きたときに、実際のソースコードを見る前に「こういう処理のあたりに問題があるのではないか」と予想して、正しく当てることがあります。これはなぜできるのでしょうか？　彼の脳内にはそのプログラムのモデルがあり、そのモデルのいろいろな場所を壊したときにどんな現象が起きるかを脳内で実験できるのです。そして壊した結果として起きる現象が、実際に観測された事実に似ているものを選び出しているのです。

注30　どの部分が重要かは目的によって異なります。おもちゃの車にはガソリンエンジンではなく電池とモータが入っていたりしますが、その違いは遊ぶ目的には重要ではないわけです。一方もしあなたが燃費の良いガソリンエンジンを作ろうと研究しているならガソリンエンジンはとても重要ですが、逆に外装のデザインは重要ではないでしょう。

注31　Box, G. E. (1976). "Science and statistics". *Journal of the American Statistical Association*, 71(356), 791-799.

注32　速度の単位として名前を残している物理学者 Ernst Mach（マッハ）は、多くの事実を少ない概念で記述して思考の労力を節約することが、科学の根本原理だと考えました。思惟経済説と呼ばれています。

モジュール

　モデルという言葉に関連して、プログラミング言語に関する概念である「モジュール」について考えてみましょう。モデルとモジュールは、実は両方ともラテン語のmodulusが語源です。

　建築などの物理的なものづくりでモジュールという言葉を使うと、同じ形の部品がたくさんあるようなイメージを持つかもしれません。しかし、ソフトウェア開発では少し事情が違います。物理的なものづくりでは、同じ部品をたくさん使う場合使う個数だけ部品が必要ですが、ソフトウェア開発では同じ部品をたくさん使う場合でも実装は1つでよいからです。

　物理的なものづくりにおいては、一つの機能を構成している部品は物理的に局在[注33]していることが多いです。物理的な相互作用は、物理的に近接しているときにのみ起こるものが多いからです。たとえば歯車は、互いに触れ合うことで動力を伝えます。なので複数の歯車を組み合わせて運動を制御するときにはその歯車は物理的に局在します。

　一方で、ソフトウェア開発においては物理的な局在が必要ありません。ソースコードのある行での記述は、遠くの行にも影響を及ぼすことができるからです。ソフトウェア開発は、物理的なものづくりよりも自由度が高いのです。

　自由度が高いことは良いことでしょうか？実はそうとも言えません。人間の理解能力には限界があります。大きなソースコードの全体を脳の中に保つことは困難なので、今やろうとしている作業に重要な部分だけに注目し、残りのことは無視したいです。しかし、ソースコードのある行での変更が、ほかのどの行にも影響し得るとなると、どこも無視できません。これでは困ってしまいます。

■——— 相互作用を制限する

　そこで、ソースコード間の相互作用を制限するために生まれたのがモジュールの概念です。1975年ごろプログラミング言語Pascalの作者でもあるNiklaus Wirthによって、プログラミング言語Modulaが設計されます。この言語はPascalをベースに、モジュールの概念を導入したものでした。

　Modulaにおいて、モジュールは「関連の強いコードをグループにまとめた

注33　限られた範囲に存在していることです。

もの」でした。そしてモジュールの中にある構成要素は、明示的に「エクスポート」しなければモジュールの外から参照できず、またモジュールの外の構成要素は、明示的に「インポート」しなければモジュールの中で参照できない、というしくみでした。つまり、プログラミング言語におけるモジュールは、中身の一部を外に見せて残りは見せない、というしくみなのです。

　外に見せるものは、そのモジュールを部品として使うために重要な部分です。たとえば任意個の値を入れることができる部品「リスト」を考えてみましょう。「リストに値を追加する」「リストのN番目の値を見る」などの操作ができないと、その部品を使う目的が果たせません。なのでこれは外に見せるべきものです。一方で、追加した値がメモリ上にどう配置されているのかなどの具体的な実装の詳細は、部品として使ううえでは重要ではありません。なのでこれは隠してもよいわけです。

■—— **重要でない部分を隠す＝重要な部分を抜き出す**

　ここまでで抽象化とは具体的な対象から重要な部分だけ抜き出すことだと学びました。モデルとは現実の複雑なシステムから、重要な一部だけを抜き出したものだと学びました。プログラミングにおけるモジュールの使われ方は、まさに抽象化であり、モデル化ですね。

　Modulaと同時期に計算機科学者Barbara Liskovが作ったプログラミング言語CLUでは、モジュールとしてまとめるのではなく、型としてまとめることにしました。そして、データ構造とそれを操作する手続きをまとめ、データ構造の実装の詳細を隠し、操作の手続きだけを公開したものを**抽象データ型**と呼びました。その後広く普及したプログラミング言語Javaでは、このデータと手続きをまとめるための構造を「クラス」と呼びました。たとえば可変長配列の機能を提供する部品はjava.util.Vectorクラスであり、これはjava.util.AbstractListという名前の抽象クラスから派生したクラスとして実装されています[34]。

モデル・ビュー・コントローラ

　モデルという言葉で、モデル－ビュー－コントローラというソフトウェ

注34　Javaではさらに「まったく具体的な実装を持っていないクラス的なもの」が存在していて、それをインタフェースと呼びます。インタフェースの話は「「同じ」と「違う」の間に注目」(39ページ)でもう一度出てきます。

ア設計パターンを連想する人もいることでしょう。これは簡単に言えば、プログラムを「モデル」と、そのモデルをユーザーに見せる手段「ビュー」と、モデルをユーザーが操作する手段「コントローラ」に分けるというパターンです。では、この「モデル」とは何でしょうか？

たとえばボタンが押された回数をカウントするプログラムを作るなら、モデルとは押された回数の整数値であり、ビューはその整数値を画面に表示するためのコードであり、コントローラはボタンを押したときに整数値を書き換えるコードです[35]。

プログラムから、表示に関わる部分と、操作に関わる部分を取り除いた「プログラムの本質的な部分」がモデルなのです。

パターンの発見

ここまでで、抽象とモデルについて掘り下げました。最後にパターンについて掘り下げましょう。

パターンの発見という言葉は、具体的な事例を集めて、規則性や共通の特徴、繰り返し現れるものを見つけるという意味で使われます。たとえばWebページの毎日のアクセス数を折れ線グラフを描くと、ジグザグしていることに気付きます[36]。事実を集めて可視化することで、周期的なパターンを発見したわけです。

あるサイトのアクセス数

注35 カウンタの例は1988年にSmalltalkでの用法を紹介した以下の論文を参考にしました。Webアプリケーションの開発ではモデル部分にデータベースを使うことが多いため、モデルとデータベースを同一視している人もいるかもしれませんが、もともとの用法はそうではなかったのです。
Krasner, Glenn E.; Pope, Stephen T. (1988). "A cookbook for using the model-view controller user interface paradigm in Smalltalk-80". *Journal of Object-Oriented Programming*, 1(3), 26-49. SIGS Publications.

注36 土日のアクセスが少ないのです。

数値をそのまま目で見て比較すると「100000」と「110000」は1文字違いでよく似ており、「100000」と「99999」は全然似ていません。しかし、グラフを描くと「100000」と「99999」がほぼ同じに見えます。表現の形を変えると、何が目立って、何が目立たないかが変わります[注37]。数の細かい差が目立たず大きな違いが目立つ折れ線グラフという形で表現することで、具体的なデータから注目すべき重要な部分だけを抜き出したわけです。

デザインパターン

パターンというと、デザインパターンを連想する人もいることでしょう。デザインパターンは、プログラムの設計に繰り返し現れる構造に名前を付けたものです[注38]。たとえば複数のものがお互いにやりとりする代わりに、やりとりを仲介するものを作るという構造には「メディエイターパターン」[注39]という名前が付いています。人間にたとえるなら、複数の人が参加するイベントを開催するときに、参加者全員がお互いに1対1で話し合って予定を調整すると混乱するので、一人の調停者（幹事）を決めて情報を集約する、という設計です。よく目にするパターンですよね。

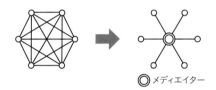

メディエイターを置くことで相互作用の数が減る

デザインパターンは、もともとは建築の分野で生まれました[注40]。これは町や建物の設計に繰り返し現れる構造に名前を付けたものです。たとえば「ドア」というパターンは、人が通れるようにしたい、しかし普段は壁のようにふさがっていてほしい、という課題を解決する設計としてとても一般

注37　第5章「文章化してアウトプット」（169ページ）では、図解から文章へと表現の形を変えることによって気付きを促す手法を解説しています。
注38　Erich Gamma／Richard Helm／Ralph Johnson／John Vlissides 著、本位田真一／吉田和樹監訳『オブジェクト指向における再利用のためのデザインパターン（改訂版）』SBクリエイティブ、1999年
注39　mediator＝仲介・調停をする人
注40　Christopher Alexander 著、平田翰那訳『パタン・ランゲージ——環境設計の手引』鹿島出版会、1984年

的です。みなさんもいろいろな種類のドアを見たことがあるでしょう[注41]。

　プログラムの場合も建築の場合も、解決すべき問題が少しずつ違った形で繰り返し発生することによって、その解決方法にも繰り返し似た構造が現れています。

注41　ドアというパターンについては『時を超えた建設の道』でAlexander自身が例に挙げています。
　　　Christopher Alexander著、平田翰那訳『時を超えた建設の道』鹿島出版会、1993年

Column
パターンに名前を付けること

　マウスを発明したDouglas Carl Engelbartは、人間の知能を増強する方法として以下の4つを挙げています[注1]。

❶人工物
❷言語
❸方法論
❹教育

　いくつか例を挙げましょう。計算機という「❶人工物」を使うことで、人間は単位時間により多くの計算が可能になりました。計算能力が強化されたわけです。「まず目次に注目する」という情報インプットの「❸方法論」を学ぶことで、情報インプット能力が強化されます。そして「❹教育」は、❶〜❸の手段を効率的に使えるようになるための訓練です。

　この4つの中では「❷言語」が一番ピンとこない人が多いようです。Engelbartは言語を、個人が、世界に対する認識を、世界をモデリングするための「概念」に分解するための手段だとしました。言語はこの「概念」にシンボルを対応付け、「概念」を意識的に操作するために使うものだとしました。この概念を意識的に操作することが「考える」ということだ、と彼は考えています。

　世界をモデリングする、とはどういうことでしょうか。それは世界を観察して、繰り返し現れる共通のパターンを見いだし、有用なものだけを選んでモデルを作ることです。デザインパターンは、たくさんのプログラムを観察し、繰り返し現れる構造に名前を付けたものでした。これはまさに「言語」を作り出しているわけです。言語を作ることで、人間は「たくさんの

注1　Engelbart, D. C. (1962). "Augmenting human intellect: A conceptual framework". SRI Summary Report AFOSR-3223, Stanford Research Institute.

ものがお互いにやりとりする代わりに、やりとりを仲介するものを作る感じの設計にしよう」と考える代わりに「ここはメディエイターパターンにしよう」と考えられるようになり、思考の労力が削減されるのです。これが概念にシンボルを対応付けることのメリットです。

この考え方がとっつきにくいのは、多くの人が「言語」とは自分で作るものではなく、周囲から与えられるものだ、と思っているからでしょう。

哲学者Maurice Merleau-Pontyは、生み出されつつある言語と制度化された言語を分けて考えました。私とあなたがコミュニケーションを取るときには、私はあなたに伝わるように言葉を選んで話をします。これが制度化された言語です。プログラマー向けのたとえをするなら、あらかじめ定められた「通信プロトコル」という決め事に従って通信を行うわけです。

一方で「自分が考えること」が目的の場合には、制度に従う必要性はありません。自分が見いだしたパターンに自分の好きな名前を付けてよいのです。デザインパターンも最初はそうやって作られました。メディエイターパターンという言葉が初めて生み出された日には、説明なしでは伝わらない言葉でした。日々たくさんの言語が生み出されています。そのうちの一部だけが広く使われるようになり、制度化していくわけです[注2]。

注2　もちろん「生み出されつつある言語」と「制度化された言語」という言葉自体が、Merleau-Pontyによって生み出された言語です。哲学に興味のある人の間では制度化しているけども、一般に広く普及はしていないだろうなと思っています。

なぜ抽象化が必要か？

なぜ抽象化が必要なのでしょうか。「はじめに」で、知的生産術のハウツー本はサンプルコードのようなものだとたとえました。外部から持ってきた情報は、そのままではあなたの状況に合わせて応用できません。

たとえば高校数学の問題を解くときのことを考えてみましょう。ある問題Q1を読んで、あなたは解き方がわからなかったとします。しかたがないので解答A1を読み、理解できて、Q1は解けるようになったとしましょう。このとき、よく似た問題Q2をあなたは解けるでしょうか？ 具体的な答えA1を丸暗記しても、類似問題Q2が解けるようにはなりません。A1は「抽象化されていない具体的な知識」だからです。いくつか似た問題を解いているうちに、あなたは解き方に共通のパターンを発見します。そのあとで、あなたは類似問題Q2が解けるようになります。

解き方のパターンは、具体的な答えよりも、より抽象化・一般化・汎用

化された知識です。この知識を、パターンを発見すること、つまりは抽象化によって獲得しなければ、新しい問題を解けるようにはならないのです。

■――― パターンの発見による一般化

　高校までの数学では、先生に教わった「抽象的・一般的な知識」を「具体的な問題」に応用して「具体的な答え」を出すことが多く、その「抽象的・一般的な知識」をどうやって作るかについてはあまり時間が割かれていないように思います。抽象化はパターンの発見によって行われます[注42]。

　たとえばQ1とQ2の解き方から「この手の問題はこうすれば解ける」と考えたり、ハトやスズメやツバメが飛ぶのを見て「鳥は飛ぶものだ」と考えたりするのはパターンの発見です。こうやって作られた「鳥は飛ぶものだ」という抽象的な知識は、間違っていることもあります。たとえば、鳥でもペンギンは飛ばないですね。しかし、たとえ間違えてでも抽象化することは必要です。抽象化をしないと、ウグイスを見たときに「ウグイスが飛ぶかどうかはまだ観察していないからわからない」と考えることになります。「見たことがないからわからない」「教えてもらっていないからわからない」という態度では、新しい問題に対処できません[注43]。

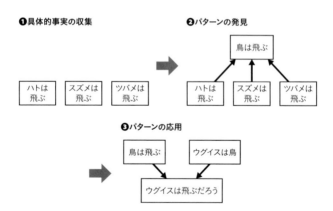

具体的事実の収集、パターンの発見、パターンの応用

注42　「エンジニアの学び方」では、「パターンの発見」のことを哲学用語を使って「帰納」と表現していました。しかし帰納という言葉からは数学的帰納法を連想する人も多く、数学的帰納法はここで言う哲学用語としての帰納に一部共通で一部異なる概念なので、混乱を避けるために今回は帰納という言葉を避けることにしました。

注43　新しい知識を生み出すことと、哲学用語としての「帰納」との関係についてはHenri Poincaré（ポアンカレ）の『科学と仮説』を参照するとよいでしょう。
Henri Poincaré著、河野伊三郎訳『科学と仮説』岩波書店、1938年

どうやって抽象化するか

抽象化とは何か、抽象化がなぜ必要かを学びました。次は抽象化をどうやるかを考えます。

比較して学ぶ

抽象化・パターンの発見のためには、まずは具体的な情報を集めます。具体的な情報を集めたあとにすることは、一言で言えば「比較」です。もう少し掘り下げて説明してみましょう。

■────「同じ」と「違う」の間に注目

何を比較すればよいでしょうか？ それは「同じ」と「違う」の間にあるものです。まったく同じものを比べても「同じだなぁ」という結論しか出てきません。まったく違うものを比べても、違うところだらけで何を見いだしたらよいかわかりません。

「同じ」と「違う」のどちらかしかないと考えるのは、誤った二分法です。現実には、完全に同じもの、とてもよく似ていて大部分同じだけど少しだけ違うもの、ほとんど似ていないけども少しだけ共通部分のあるもの、完全に違うもの、とグラデーションになっています。

「同じ」と「違う」の境目はグラデーションになっている

新しいパターンを発見するには、「同じ」でも「違う」でもない、一部同じで一部違う「似ている」ものどうしを比較する必要があります。

第1章 新しいことを学ぶには

どうやって抽象化するか

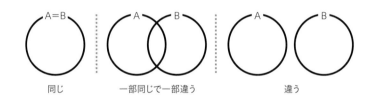

「同じ」と「違う」の間に「一部同じで、一部違う」がある

　具体例を考えましょう。電動ドリルは、先端の工具部分が交換できるようになっています。このそれぞれの工具は「同じ」ではないです。しかし、ドリルの回転する部分に差し込んで使うことができるように、根元部分は同じ構造になっています。

　これによく似たことがプログラムの中で交換可能な部品を作る際にも使われています。プログラミング言語Javaでは、「インタフェース」という継ぎ目のようなしくみによって、「クラスがどのようなメソッドを持っているか」を決めることができます。このしくみにより、同じインタフェースを持っているクラスを部品のように交換して使うことができるわけです。物理的な工具でも、プログラミング言語でも「交換可能な部品は継ぎ目が共通化されている」というパターンがあるわけです。

■——たとえ話

　たとえ話は、抽象的なことを伝えるときによく使われます。先ほども電動ドリルにたとえました。たとえ話は、伝えようとしている抽象的な概念と、それに似ている具体的なものとを、比較させて理解を促すテクニックだと言えるでしょう。たとえば公開鍵暗号の概念を教えるときに「公開鍵暗号は南京錠のようなもの」とたとえたりします[注44]。

　たとえ話も、同じものではなく似ているものですから、一部が同じで一部が違うわけです。どこの部分が同じかが重要です。たとえば南京錠は、多くの場合真鍮でできていて、鍵を回すと中のディスクが掛け金の切り欠きに引っかかるしくみになっていますが、これは公開鍵暗号とは関係のない部分です。南京錠が公開鍵暗号と似ているという場合の、共通点とは「鍵を持っていない人でも、鍵を閉めることができる。もちろん開けることは

注44　たとえ（アナロジー）の効果については第6章でも詳しく解説します。

できない」という点です。たとえば、郵便も「Aさんの家の鍵を持っていなくてもAさん宛に郵便を送れるが、配送された郵便物を見ることができるのはAさんだけ」という似た構造を持っています。

たとえ話はうまく使えば理解を助けますが、逆に混乱や誤解を生むこともあります。「どこが同じで、どこが違うのか」を明確にすることが大事です。

■——違いに注目

共通部分を見つけるのはとっつきやすいのですが、「あれも似ている、これも似ている」と単に情報を集めただけにもなりやすいです。ある程度慣れてきたら、違いに注目したり、一見矛盾しているように見えるものについて考えると、考えが進みやすいです。

たとえば、プログラミングの学び方と、英語の学び方を比較してみましょう。英語の学び方としてどういうものを連想するかは人によりますが、私の場合は「英文が書かれた教科書を読む」を連想しました。これと「プログラムを実際に書いて動かしてみる」とを比較すると、だいぶ違います。そこでなぜ違うのかを考えます。

私のたどり着いた結論は、「英文が書かれた教科書を読む」はインプットの部分しかしていない、というものでした。プログラミングの学び方は、インプットをしたあと、実際にプログラムを書いてみるアウトプットがあり、書いたプログラムが期待どおりに動いたときに「やった、動いた」という喜びがあるわけです。それに対応するものが英語の学び方にもあるのではないか？ そう考えて探してみると見つかりました。英語で他人に何かを伝えるために話したり書いたりし、それが伝わったときの「やった、伝わった」という喜びです。

この「違っているぞ」「なぜ違っているのだろう？」「よく考えたら違っていなかった！」のサイクルを回すことで、一歩一歩階段を上がるように考えを進めていくことができます[注45]。

注45　この考え方のパターンには「弁証法」という名前が付いています。

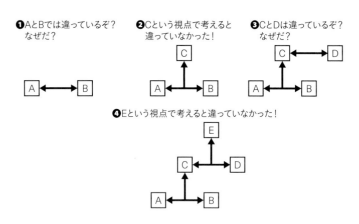

対立と、対立の解消を繰り返す

　このサイクルは、終わりのないプロセスです。なので、特に類似のテーマについて異なる著者が書いた本を読むときには、まずは共通部分に注目して、複数の著者に共通のモデルを獲得するとよいでしょう。それが終わったあとで、著者によって意見が異なるところはどこなのか、なぜそれが異なっているのかを、余裕があれば考えていくとよいでしょう。

　たとえば本章の「知りたいところから」(16ページ)では、遅延評価的勉強法、YAGNI原則、Matzのソースコードの読み方、のよく似た3つの考え方を集めて紹介しました。あなた自身がこれらを比較し、違いは何かを考えることで理解が深まります。ですがこれは達成条件の不明確なタスクなので、今は先を読み進めてもよいでしょう。一度この本を読み終わったあとで、いずれ挑戦してみてください。

歴史から学ぶ

　歴史から学ぶのは、今と昔の比較です。たとえば、過去の出来事の中に、現在進行中の出来事と似た構造のものがあるかもしれません。共通のパターンを見つけることで、次に何が起こりそうかを予想できます。また、変更前と変更後を比較して、どう変わったのか、なぜ変わったのかを考えることで理解が深まります。

　プログラムなどの人工物は、誰かが「必要だ」と思って作ったものです。「作る前はどうだったのか、今とどう違うのか」を考えることで、「なぜそれ

を作ったのか」が見えてきます。

　プログラムのことは、ソースコードを読めばなんでもわかる、という勘違いをする人もいます。しかし、ソースコードには基本的に「今」の「how」の情報しかありません。「変更前にどういう問題があったのか」という「過去」の情報や、「なぜ変更する必要があったのか」「なぜこの選択肢を選んだか」という「why」の情報はソースコードからはわかりません。そのような情報は、コメントやコミットログ、開発者のメーリングリストでのやりとりなどに記述されています。

パターン本から学ぶ

　自分でパターンを発見しなくても、パターンが書いてある本を読めばよいのではないか、と思うかもしれません。一見合理的に見えますが、実際には「ピンとこない」「抽象的でよくわからない」などの感想を持つことも多いように思います。

　数学の解き方の本を読めば、自分で問題を解かなくても新しい問題が解けるようになるでしょうか？ プログラムの設計方法の本を読めば、自分でプログラムを書かなくても設計ができるようになるでしょうか？ パターン本は、具体的な経験からあなた自身がパターンを見いだすことを手助けすることはできますが、あなたが具体的な経験を持たないままパターンだけ習得することはできないのです。

　このことを箱を積むたとえで表現してみましょう。誰かが積み上げたピラミッドの上のほうの箱を見て「あれはよいな、欲しいな」と思って持ってきたとしても、それを置く場所の土台が準備できていなければ、ただ地面に置かれるだけです[注46]。

注46　別のたとえ：桜の花が欲しいからといって、花の咲いている枝を切り取って持ってきても、その花が散ったらそれっきりです。毎年花を咲かせ続けるには、幹や根がなくてはなりません。似たたとえとして、空腹の人に魚を与えても1日しか空腹をしのげないから、魚を与えるのではなく釣りのしかたを教えよ、とも言われます。

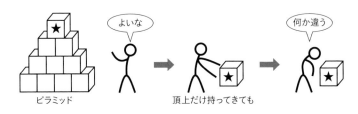

ピラミッドの頂上を取ってきたけど、なんだか期待と違う

箱が床に置かれたのか、ちゃんと積み上げられたのかを知るために、次の3点に注意してみましょう。

- 自分の言葉で説明できるか？
- 自分の経験に基づいた具体例を挙げることができるか？
- 自分の目的を達成するためにその知識を使えるか？

たとえば「公開鍵暗号は南京錠のようなもの」という言葉を本で読んだとしましょう。公開鍵暗号を理解していなくても、丸覚えすることはできます。丸覚えでも「空欄を埋めよ：公開鍵暗号は○○○のようなもの」という問題を解くことはできます。一方で「なぜ似ているのか」を自分の言葉で説明したり、別の例に変えたり、自分の解決したい問題が公開鍵暗号によって解決すると気付いて応用することは、公開鍵暗号を理解していない人にはできません。

本当はわかっていないのにわかっていると思い込んでしまうことは、よく起こります。その間違いに気付いて学びを進めていくためにも、理解を検証することが大事です。

検証

あなたが何かをわかったような気持ちになったとしても、本当にわかっているという保証にはなりません。あなたが正しいと思っているあなたの脳内のモデルが本当に正しいかどうかは、その脳内モデルを実際に使って、その結果を観察して検証しなければいけないのです。

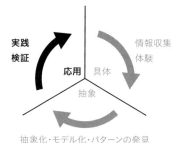

脳内モデルを使って実践し、結果を見て検証する

作って検証

　正しく理解できているかどうかは、理解をもとに何かを作ってみて、それが期待どおりに動くかどうかで検証できます。

　プログラミングの学習は、とても検証がやりやすい分野です。プログラムを書いて実行して、自分の理解が正しくなければすぐエラーになるからです。そしてエラーになったプログラムを、少し修正して再度実行することもできます。

　ものづくりという点で似ている、木工で椅子を作ることと比べてみましょう。まず木を切って、組み立ててみて、設計図が間違っていてうまく組み上がらないことに気付いたとしましょう。すでにプログラミングよりもだいぶ時間がかかっています。そして穴を開ける位置を間違えて、開けてはいけないところに開けてしまっていたとしましょう。その木材はもう使い物にならなくなってしまったので、新しく切るところからやりなおしです。プログラミングはデジタルデータを使ったものづくりなので、試行錯誤のコストがとても安いのです。

　もう一つ、絵を描くことと比べてみましょう。デッサンをしたら、何か不自然な絵になってしまった。よく起こるのが、「不自然なのはわかるが、どこがおかしいのかわからない」という現象です。うまい人に見せると「この線が傾いていますね」などと指摘してもらえるのですが、自分ではそれに気付くことができません。プログラミングの場合、大部分の間違いはどこ

が間違っているかをエラーメッセージが教えてくれます[注47]。

このようにプログラミングの学習はほかの分野の学習に比べて、学びのサイクルを高速に回すことができます。本章の「やる気を維持するには？」（10ページ）で「やる気は報酬によって維持されます。報酬を短い間隔で得られることが大事です。」と解説しました。書いたプログラムが期待したとおりに動いたとき、あなたは達成感という報酬を受け取ります。期待した動きをしなかったときは「なぜ期待した動きをしないのだろう？」「期待した動きと、現実の動きの違いは何だろう？」と掘り下げていくことで、理解が深まるチャンスを得ます。

プログラミングは、作って検証することにとても適した教材なのです。そしてプログラミングを学ぶことで「サイクルを回す学び方」を学ぶことができます。この学び方の知識は、10年経っても陳腐化しません。

■── 解説も作ることの一種

作るものはプログラムとは限りません。解説のブログ記事を書くのも作ることの一種です。たとえば何か新しいことを学んだのなら、「1日前の自分にどう説明するか？」を考えて解説すると自分の理解のあいまいなところがわかります。

学んだことを他人に話すのもお勧めです。話しながら相手の顔を見て、もしポカンとしていたのなら、うまく説明できていないということです。質問が盛り上がらなかったり、見当違いな質問が来たら、うまく説明できなかったということです。もっとうまく説明できるように、改善のサイクルを回すことで理解が深まります。

試験で検証

中学校で学んだことは、中間考査や期末考査という形で定期的にテストされました。これも理解しているかどうかを検証する方法の一つです。学校を卒業したあとであれば、たとえば資格試験などが考えられます。

変化が少ない分野、良い教科書が整備されている分野では、試験で検証するスタイルの学びはよく機能します。一方、変化が激しいと、教科書や

注47　プログラミングでもたまにエラーメッセージが出ないが挙動がおかしい、という現象が起きることがありますね。そのときにはデッサンと同じように「いったいどこが間違っているのだろう」と悩むことになります。

試験内容が実用上必要な知識より古いという現象が起きます。

検証の難しい分野

もしあなたがミュージシャンだったら、曲を作って演奏し、反響を見るまでにどれくらいの時間がかかることでしょう。他人の反響から何が失敗の原因だったかを突き止めることができるでしょうか。

顧客にウケる商品開発はどうすれば学ぶことができるでしょうか？検証するために、実際に商品を作って市場に出してみるのにはとてもコストがかかります。

人生は、一生に1回だけしか実験できません。良い人生だったかどうかは死ぬときにわかっても、その経験を活かすチャンスはありません。

どういう分野が検証しやすく、どういうものが検証しにくいのでしょうか。繰り返し実験しやすく、実験結果に影響する環境要因をコントロールしやすい分野が検証しやすいです。科学や工学は、実験による検証がしやすい分野を中心に発展してきました。

まとめ

本章では、「情報収集・モデル化・検証」という学びのサイクルについて詳しく学びました。最後に、振り返りも兼ねて、Albert Einstein(アインシュタイン)の描いた図式と比較してみましょう。

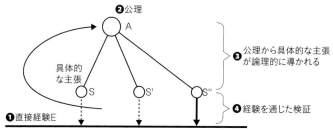

※以下の書簡をもとに、わかりやすいように清書しました。
Albert Einstein, "Letters to Solovine: 1906-1955", Philosophical Library/Open Road, 2011.

Einsteinの考え方

❶の直接経験Eは、この本の説明では「まずは具体的な情報を収集」に相当します。Einsteinは直接経験Eはデータなどだと解説しました。

❷の公理Aは、直接経験Eから生まれます。Einsteinは公理Aが論理的に導かれるのではなく、直感によって生まれると考えました。これは、この本では「パターンを発見する」に相当します。パターンは論理的に考えて発見するのではありません。実際のデータ、直接経験から「あっ、こういうパターンがありそうだ」と直感的に発見するものです。「パターンの発見による一般化」(38ページ)では、発見したパターンが正しいとは限らないことを説明しましたが、これはEinsteinの「公理は論理的に導かれたものではない」という考えと同じです。

Einsteinは、❸の具体的な主張S、S'、S''が、公理Aから論理的に導かれると考えました。そして❹で経験を通じて検証するわけです。「作って検証」(45ページ)では、理解をもとに何かを作ってみて、それが期待どおりに動くかどうかで理解の正しさを検証する話をしました。理解が公理Aに対応し、その理解をもとに「こう作ればこう動くはずだ」と具体的な主張Sが作られ、それが実際にそのとおりに動くか直接経験Eと照らし合わせることで検証するわけです[注48]。

本章で学んだことの中でEinsteinの図式に出てこないものには次のものがあります。

- 学びのサイクルを回す原動力「やる気」について
- 情報収集や抽象化、検証の具体的な方法について

第2章ではやる気の維持のためのタスクマネジメントについて、第4章では情報収集のための本の読み方について、第5章ではパターンを発見するためのKJ法について解説します。

注48　Einsteinは4のステップも直感に属すると考えました。Sの中に現れる概念と、直接的な経験の間の関係が論理的でない、たとえば、dogという言葉と犬を見たときに私達が直接経験することとの対応付けに根拠がないからだ、とのことです。これは「すべてのモデルは間違っている」と関連する話で、モデルは直接経験とは異なるものなので、新しく観測された直接経験が特定のモデルに対応付くものなのかそうでないのかを論理的に言うことはできないということかと思います。

第 **2** 章

やる気を出すには

第1章では学びのサイクルについて解説しました。学びのサイクルを回していくためには、原動力である「やる気」に注目することが大事です。でも、なんだかやる気が出ない、やる気を出すにはどうしたらよいんだろう、と悩んでいる人はたくさんいます。私はこの問題を解決することが重要だと考えて、延べ12,000人以上のやる気が出ない人の調査をしてきました。本章では、そのデータを踏まえつつ、やる気について詳しく説明していきます。

やる気が出ない人の65%は
タスクを1つに絞れていない

　やる気が出ないと悩んでいる人に、今やろうとしていることが1つなのか複数なのかを聞くと、65%の人が複数と答えました。しかし複数のタスクを一度に実行するのはとても難しいです。何度も経験した慣れた作業でもなければできないと思ったほうがよいでしょう。

　たとえば、料理の得意な人が料理をするときには、鍋を火にかけて素材に火が通るのを待っている間に素材を切るのに使ったまな板を洗ったり、火が通ったものを盛り付けるための皿を準備したりできます。でも、料理を学びはじめたばかりの人はそれができません。得意な人は、火が通るまでの待ち時間の長さや、まな板を洗うのにかかる時間の長さを把握しています。だから「火が通るまでの待ち時間の間にまな板を洗える」という判断ができます。学びはじめたばかりの人はこの判断ができないので、並行処理ができません。

　複数のタスクを並行で進めているように見えるときでも、1つの瞬間には1つのタスクをしていて、切り替えながら実行しています。複数のタスクを並行で実行することは、「タスクの切り替えの意思決定」という追加のタスクを抱えることになります。あなたが複数のタスクをやろうとして、やる気が出なかったり頭が混乱したりしているなら、まずはやることを1つに絞り、1つずつ片付けていきましょう。

絞るためにまず全体像を把握しよう

タスクを1つに絞ることはどうやればできるでしょうか。「タスクを1つに絞りましょう」と言われてもそれができない人の76％はタスクが書き出されておらず、脳内だけにある状態でした。そのせいでタスクの全体像を把握できていないのでしょう。

まずは全部書き出して、全部でどれくらいあるのか、どんなタスクがあるのかを把握しましょう。こうアドバイスして書き出してもらうと、32％の人はそれだけでやる気が出ます[注1]。

Getting Things Done：まずすべて集める

これに近いことを主張しているのが、David Allenが著書"Getting Things Done"[注2]で提唱する手法、通称GTDです。

GTDでは、まずは「気になること」を全部1ヵ所に集めます。人間はあまりたくさんのことを一度に覚えておくことができません。覚えていられる以上のことを覚えていようとするとその負担からストレスが生まれ、認知能力が低下します。そこで、まずは「やるべきことはすべてここに集まっている」という状況を作り、それによって「やるべきことを覚えておかないといけない」というストレスから自分を解放するわけです。

ToDoリストやタスクリストを作ろうとしたことがある人は多いでしょう。GTDのアプローチはそれらに似ているようで少し違う、おもしろい点があります。それが「気になることを集める」というところです。ToDoリストはToDoを入れるものです。なので、それに入れる前に「これはToDoか？」という判断が必要です。GTDではその判断は後回しにして、気になるものはとにかくすべてを集めます。集めるフェーズと、それについて考えるフェーズを分けて、一度に「集める」と「考える」の複数のタスクをしないようにするわけです。

注1　考えをまとめる方法や、アイデアの作り方の文脈でも、同じように「まずは関係ありそうなことを全部書き出そう」というアプローチがあります。詳しくは第5章で解説します。

注2　原題：David Allen, "Getting Things Done: The Art of Stress-Free Productivity", Penguin Books, 2001.
邦題：David Allen著、森平慶司訳『仕事を成し遂げる技術──ストレスなく生産性を発揮する方法』はまの出版、2001年
これから学ぼうと思う人には次の書籍がお勧めです。
David Allen著、田口元監訳『全面改訂版 はじめてのGTD──ストレスフリーの整理術』二見書房、2015年

たとえば気になる手紙があったとして、それが返信を必要とするToDo
なのか、単に捨ててもよいゴミなのかを判断しようとすると、中を読む必
要が出てきます。集めるフェーズでそれをやらず、集める場所(inbox)の中
に入れたらそれでその手紙についての作業は終了です。集めるフェーズの
ゴールは「気になることはすべてここにある」という状態を作ることです。

全部集めて、そのあとで処理をする

"Getting Things Done"の大まかな全体像をここで簡単に解説します。
"Getting Things Done"を読んだことがある人は、次の項まで読み飛ばして
もかまいません。

GTDでは、気になるものを集めたあとで、それを処理していきます。収
集フェーズと処理フェーズが明確に分かれていることが大事です。集めな
がら考えたりするのではなく、まず集め切ってどれくらいあるのか全体像
を把握するわけです[注3]。

処理のフェーズでは、収集したものに対してまず「これは何か？」「自分
はこれに対して行動を起こす必要があるか？」と問います。「行動を起こす
必要がある」と思ったら、次は「どういう結果を求めているのか？」と問いま
す。つまりゴールを明確化するわけです。そのあとで「次にとるべき具体的
な行動は？」と問います。ここまで来て、ようやくToDoリストの形になる
わけです。

このあとは「次にとるべき具体的な行動」が何かによって細かく分類をし
ていくのですが、ここでは軽く紹介するだけにとどめます[注4]。

- 「行動を起こす必要がないもの」をゴミ・資料・保留の3つに分類する
- 「次にとるべき具体的な行動」が複数なら、「プロジェクト」にする
- 「次にとるべき具体的な行動」が2分以内でできるなら、今やる
- 「次にとるべき具体的な行動」をやるのが自分でないなら、他人に任せて連絡待
  ちリストに入れる
- 「次にとるべき具体的な行動」をやるのが特定の日時なら、カレンダーに書く
- どれにも当てはまらなかったものが「次にとるべき行動」のリストに入る

注3　ここでは話をシンプルにするために理想状態を解説していますが、現実には時間の制約が影響しま
　　　す。Allenはまるまる2日確保するのが理想的だと考えています。
注4　あまり複雑なことを最初からやろうとすると、思考のオーバーヘッドで混乱が増すからです。

こうやって整理していくことによって、次にとるべき行動の選択肢が明確になってきます。その選択肢の全体像が見えてから、その中から選んで実行をする、これがGTDの大まかな全体像です。

どうやってタスクを1つ選ぶのか

さて、タスクを書き出して、タスクリストが目の前にあるとしましょう。どうすれば次にやるタスクを1つに絞ることができるでしょうか？ タスクを書き出したあとで、「そこから1つ選びましょう」と言っても、33%の人は「選べない」と答えました。「何をやるか」の意思決定は意外と難しいのです。

GTDの処理フェーズでは、気になるものを全部箱に入れて、その後緊急度などを考えず、箱の一番上から一度に1件ずつ順に処理していきます。これは第1章学び方の章で見た「どこに重要なものがあるのかわからないのであれば、片っ端からやるしかない」とよく似ています。「箱の中の『気になること』を処理する」というタスクは全部等しい優先度だと仮定して、意思決定自体を放棄するわけです。

この方法の懸念点は、完了までに時間がかかるというところです。Allenは「2日まるまる確保するのが理想的」「収集に6時間以上かかることもある、処理にはさらに8時間かかるだろう」と言っています。この本の読者の多くが置かれた状況では、収集と処理の作業をやっている間に割り込みが発生することでしょう。しかし、すべて収集したあとの状態なら、脳内だけに情報がある状態よりはだいぶマシです。割り込みで中断しても、戻ってくれば箱の中身は元のまま残っていて再開できるからです。

■──部屋の片付けと似ている

私はこのGTDの構造を見ていて、部屋が散らかっている人向けのアドバイスに構造が似ているなと思いました。物が多すぎて部屋が散らかっている状態と、気になることが多すぎて頭が混乱している状態は似ています。そして部屋が散らかっている人向けのよくあるアドバイスの一つが、「とにかく片っ端から捨てろ」です。

これは捨てたゴミ袋の量で進捗が可視化される点が良い方法ですが、「捨てられなかったもの」が増えてくると、それを整理しようとしてしまって別の混乱が生まれます。部屋が片付かないことに悩んでいる人は、多くの場

合「片付いた部屋」が手に入るまでの時間を見積もれていないので、休日が終わるなどの理由で時間がなくなって片付けを強制終了する羽目になります。その場合「捨てられなかったもの」の山がどこかに押し込められて、「労力の割にあまり片付かなかったな」という徒労感が残ります。

■——— まず基地を作る

もう一つのアドバイスは、「まず基地を作れ」です。私はこれを高く評価しています。「部屋全体」を片付けることには時間がかかるので、まず領域を区切って、その場所だけは「片付いている状態」にしようという方法です。こちらは「基地＝片付いている領域」が手に入ったことが達成感を生みます。また、基地が手に入ると日々の作業が効率的になり、余剰の時間が生まれ、それを基地の維持・改善に使うことができます。そうやって基地が片付いている状態を維持しつつ、徐々に基地の使い勝手を向上していくわけです[注5]。

さて、この部屋の片付けに対するアドバイスの構造を、タスク管理の文脈に投影しなおしてみましょう。そうすると、「気になることすべての整理」にはとても時間がかかるので、まずはその一部である「今日やること」の整理に集中しましょう、というアドバイスになります[注6]。

■——— タスクが多すぎる

私の実験では、タスクが7つ以上ある人の92%が「そのすべてを今日中にできるのですか？」という問いに「いいえ」と答えました。タスクリストがどんなに長くても、今日できることは限られています。まずは「本当に今日中にやらないといけないこと」だけをピックアップしましょう。そしてそれをやり終えてしまえば、「今日やるべきことは全部やった」という達成感が得られます。そして残った時間で、ほかのタスクを整理したり「明日やるべきことのリスト」を作ったりすることができます。徐々に改善していきましょう。

もし「今日やらないといけないこと」がすでに今日できる以上の量になっているなら、あなたがやるべきことは、そのタスクを頑張ることではありません。納期を変えるか、仕様を変えるか、やめるかしかありません。

注5 　この話は第7章の拡大再生産戦略とよく似ています。
注6 　これはタスクの細分化の実例ですね。また、部屋の片付けの文脈からタスク管理の文脈への引き戻しは、第6章のアナロジーの節の実例にもなっています。

Column

緊急性分解理論

今日やらないといけないことが今日できる以上の量になる「緊急事態」に
どう対処するかについて、経営コンサルタントの小林忠嗣は著書『知的生産
性向上システムDIPS』[注1]で、以下のチェックリストを提案しています。

- ・質を下げられないか？
- ・量を減らせないか？
- ・納期を延ばせないか？
- ・方法を変えられないか？
- ・別のもので代替できないか？
- ・お金で解決できないか？
- ・どうしようもないならやめるべき

上記箇条書きの語呂合わせ「思慮の砲台金次第　ならぬならばやめるべし」
を聞いたことがある人もいるかもしれませんね。

注1　小林忠嗣著『知的生産性向上システムDIPS』ダイヤモンド社、1992年

「優先順位付け」はそれ自体が難しいタスク

　「今日やらないといけないタスク」がない場合、タスクリストのたくさん
のタスクの中から、どれを選んで実行したらよいでしょうか？ こういうシ
チュエーションで、タスクに優先順位を付けようとするケースがよくあり
ます。しかし私は優先順位を付けるべきかどうか疑問に思っているので、
少し掘り下げてみます。

並べることの大変さ

　値の大小関係に従って並び替えをする「ソート」には、意外と時間がかか
ります。たとえば「隣り合っている2つを見て、大きいものを上にする」を
繰り返してソートする「バブルソート」の場合、並び替える対象がN個ある

なら、N(N-1)/2回の比較が必要です。タスクの比較と入れ替えが3秒でできるとして、タスクが10個なら135秒、約2分ですが、タスクが100個だと14,850秒、4時間以上かかる計算になります。

もっと効率の良い(ただし作業が複雑な)アルゴリズムを使うと多少はマシですが、それでもタスクの個数が10倍になったときにソートにかかる時間は10倍以上になることには変わりがありません。個数が増えれば増えるほど、優先順位付けのコストが高くなります。

比較が3秒でできる場合でもこんなに時間がかかるのです。実際には多くの人が、「どちらから先にやろうか」と考えて、3秒以上の時間を使う経験をしているでしょう。

1次元でないと大小比較ができない

そもそも大小比較は常に可能なのでしょうか。図を見てみましょう。

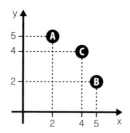

どれが一番大きい?(A (2, 5)、B (5, 2)、C (4, 4))

A、B、Cがそれぞれタスクで、xとyがそのタスクによって得られるメリットだとしましょう。たとえば顧客からの要望があった機能を追加すると、ソースコードは複雑になるが、顧客の満足度は上がります。一方で複雑になったソースコードをきれいにするためにリファクタリングに時間を使うと、ソースコードのメンテナンス性は上がりますが、顧客の満足度は上がりません。図に対応付けると、xがメンテナンス性、yが顧客満足度、Aが機能追加、Bがリファクタリング、Cは両方を同時にやるタスクです。どのタスクをやるのがよいのでしょうか?

「大きさ」という概念には揺らぎがあります。1次元の値に対しては素朴な大きさの定義があり、多くの人がそれに同意しているので食い違うことが少ないです。しかし2次元以上になると、そういう素朴な、万人が賛成

する「大きさ」が存在しなくなります。

　yを重視してxを無視するなら、Aが一番重要です。xを重視してyを無視するならBが一番重要です。xとyが同じくらい重要だと考えてx + yで比較するならCが一番重要です。xがyの2倍重要なら、5 * 2 + 2 == 4 * 2 + 4なのでBとCの重要度が同じになります。

　Jonathan Rasmussonは、著書『アジャイルサムライ』[注7]で「トレードオフスライダー」を紹介しています。これは複数の軸がトレードオフになった場合に、どの軸を優先するかをチームメンバーと事前に話し合い、軸に優先順位を付けておくやり方です。事前に話し合っておくことで、時間がなくてタスクを取捨選択しないといけない状況下で、何を優先すべきかの議論に時間が取られるのを防ぐことができます。

　ただし、このトレードオフスライダーも万能ではありません。あらためて図を見てみましょう。今リリースまでの時間がなくて、A、B、Cのどれか一つだけしか実装できないとします。事前にxを優先することに決めていればタスクBが、yを優先することに決めていればタスクAが選ばれます。どちらの場合でも、両方をほどほどに満たすタスクCは選ばれません。本当にそれでよいのでしょうか？　どちらもほどほどにできるタスクCでリリースして、顧客の反応を見てどちらの軸を優先すべきか決めたほうがよいのでは？

　この議論はタスクの重要度は独立していることを仮定していますが、現実のソフトウェア開発では「タスクDをやればタスクAのxが増える」とか「タスクEをやるとタスクBの実装コストが下がる」とか「タスクFとGはバラバラに実装するより、1人の人がまとめて実装したほうが実装コストが安い」など依存関係が複雑に絡み合っています。なので事前に優先順位を付けることは困難です。

不確定要素がある場合の大小関係は？

　多くのタスクは、結果が不確定です。図を見てみましょう。

注7　Jonathan Rasmusson著『アジャイルサムライ──達人開発者への道』オーム社、2011年

第2章 やる気を出すには

「優先順位付け」はそれ自体が難しいタスク

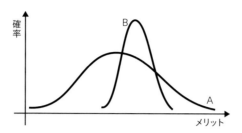

AとBのどちらを優先する?

　A、Bがそれぞれタスクで、横軸はそれによって得られるメリット、縦軸が確率です。たとえばある機能を追加すると顧客が増えるかもしれない、これがタスクを実行することのメリットです。しかし実際にどの程度のメリットが得られるかは、実行してみないとわかりません。Aはメリットがとても大きいかもしれないけど、とても小さいかもしれない、分散の大きいタスクです。Bはそれほど分散が大きくないタスクです。さて、AとBのどちらを優先すべきでしょうか?

　Bのほうが平均が大きいから、Bを選ぶ人も多いかもしれませんね。そんな人のためにおもしろい現象を紹介します。

　ここに2つのスロットマシンCとDがあるとします。100円を入れてレバーを引くと、ある確率で500円の当たりが出ます。あなたはどちらのスロットマシンを選びますか? それをどうやって決めますか? 実際に何人かの人に聞いてみると「何回か試して、一番良かったものを選ぶ」という回答がありました。

　私は選択肢に「スロットをプレイしない」も加え、600体のエージェントが1,000回プレイをする、というシミュレーション実験を行いました。各エージェントは、まず各スロットを3回ずつプレイして、それ以降は過去の経験に基づいて一番期待値の高い選択肢を選ぶ、というアルゴリズムで動くようにしました。スロットの中には0.3の確率で当たりが出る「お得なスロットマシン」を用意しました。もちろん各エージェントはそのことを知りません。エージェントたちは試行を通してお得なスロットマシンを発見できるでしょうか?

　実験の結果は、過半数57%のエージェントがお得な選択肢に気付かず「スロットをプレイしない」を選ぶという結果になりました。どうしてこんなことが起こるのでしょうか? たとえば確率0.3で当たるスロットでも、3回の

試行で運悪く全部外れることが0.7 * 0.7 * 0.7 = 0.343の確率で起きます。運悪くその現象に出会ってしまうと、「このスロットの当たり確率は0だな」と勘違いします。これを「現実よりも悪い方向に勘違いしている」という意味で「悲観的な勘違い」と呼ぶことにしましょう。「過去の経験に基づいて一番期待値の高い選択肢を選ぶ」というアルゴリズムでは、一度悲観的な勘違いをすると、二度とその選択肢が試されません。悲観的な勘違いをしていることに気付くチャンスもないまま、確率的な変動のない「スロットをプレイしない」を選んでしまうのです。

■──── 探索と利用のトレードオフ

この問題を、強化学習の分野では「探索と利用のトレードオフ」(*exploration exploitation tradeoff*)と呼びます。

「過去の経験から一番良いと思う行動」ばかりをしていたのでは、もっと良い行動を見つけることができません。それは探索が足りないのです。一方、もっと良いものがあるかも！と「未経験の行動」ばかりをしていたのでは、過去の経験が活かせません。それは利用が足りないのです。

探索と利用はトレードオフの関係にあるので、どちらか片方ではなく、バランス良く実行する必要があります。ではその「バランスが良い」はどうすれば実現できるのでしょうか?

■──── 不確かなときは楽観的に

探索と利用のトレードオフを解決するために提案されているのが、「不確かなときは楽観的に」という原理です注8。探索と利用のトレードオフを解くアルゴリズムの多くがこの原理に従っています。

先ほどは、本当は高い確率で当たるスロットマシンを「これはあまり当たらない」と判断してしまう、悲観的な勘違いの例を説明しました。逆に、あまり当たり確率の高くないスロットマシンであっても、たまたま最初に試したときに当たりが出たことで「これはよく当たるスロットマシンだ」と勘違いをすることがあります。これを楽観的な勘違いと呼びましょう。

楽観的な勘違いは、そのスロットマシンをその後何回かプレイして「あれ? 思ったほど良くないぞ?」と気付くことができます。悲観的な勘違いには気

注8 Sébastien Bubeck and Nicolò Cesa-Bianchi. (2012). "Regret Analysis of Stochastic and Nonstochastic Multi-armed Bandit Problems". *Foundations and Trends in Machine Learning*, 5(1), 1-122. https://arxiv.org/pdf/1204.5721.pdf

付くチャンスがありませんが、楽観的な勘違いにはあとから気付いて修正できるのです。つまり、悲観的な勘違いと楽観的な勘違いでは、悲観的な勘違いのほうが影響が深刻なのです。そこで、判断を楽観側に倒すことでバランスを取ろうという発想が生まれます。これが「不確かなときは楽観的に」です。

たとえばコンピュータによる囲碁や将棋でよく用いられるUCB1アルゴリズムでは、不確かであることをポジティブに評価する項を足してから、選択肢を比較します。つまりあまり詳しくない状態に挑戦することに価値を見いだす、好奇心のような値を評価に含めるわけです[注9]。

UCBはupper confidence boundの略です。不確かな値について日常生活でも「たぶん10〜20ぐらい」というように範囲で表現することがありますね。不確かな値がある確率で含まれる範囲のことを信頼区間（*confidence interval*）と言います。たとえば「xは95％の確率で10〜20の範囲に含まれる」ということを「xの95％信頼区間は10〜20」と表現します。upper confidence boundは、この信頼区間の大きいほうの境界のことを指しています。この例で言うなら20のことです。

図を見てみましょう。

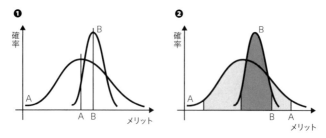

UCB1を基準にするとAが選ばれる

タスクAとBを平均で比較すると、❶のようにBのほうが良いという結論になります。でもこれは、今までに経験したことの平均で判断しているので、今までたまたま運が悪いと悲観的な勘違いをしてしまいます。❷は、AとBのメリットがどの範囲に入りそうかという信頼区間を表したものです。Aの信頼区間が広いのは、現時点までの平均よりもずっと大きいかもしれないし、ずっと小さいかもしれない、ということです。この信頼区間

注9　このアルゴリズムはRegret（後悔）と呼ばれる「全知全能の神が行動を選んだ場合との差」がほかのいくつかの手法より小さいことが知られていて、気取った表現をすると「楽観主義が後悔を最小化する」わけです。

の大きい側の端で比較すると、Aのほうが良いという結論になります。

このように楽観的に判断することで、悲観的な勘違いにはまる可能性を減らし、探索と利用のバランスをとっていくわけです。この考え方を管理の話に引き戻して考えると、そのタスクをやることで平均的に何が得られるかで判断するのではなく、最良の場合に何が得られるかで判断するということになります。

■──── リスクと価値と優先順位

Mike Cohnも著書『アジャイルな見積りと計画づくり』[注10]の中で、これに似たことを説明しています。彼はフィーチャ(製品機能)の優先順位付けの判断基準として、以下の4つを提案しました。

- **金銭価値**
- **コスト**
- **新しい知識**
- **リスク**

この4つのうち、金銭価値とコストはセットになります[注11]。

新しい知識とリスクも強く結び付いています。リスクがあることは、やってみるまで結果がわからないことであり、つまり結果がどうなるかの知識がないことだからです。

そしてCohnは、まず金銭価値が高くリスクも高いフィーチャから実装し、次に金銭価値が高くてリスクが低いフィーチャを実装し、最後に金銭価値が低くてリスクも低いフィーチャを実装せよ、金銭価値が低くてリスクが高いフィーチャは実装するな、と主張しました。

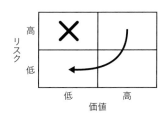

価値とリスクのマトリックス

注10　Mike Cohn著、安井力／角谷信太郎訳『アジャイルな見積りと計画づくり』マイナビ出版、2009年
注11　私は費用対効果(コストあたりの得られる価値)という表現がわかりやすいと思いますが、『アジャイルな見積りと計画づくり』では内部収益率(IRR)や投資収益率(ROI)という表現をしています。

Cohnの解説では高低の判断基準があいまいです。図を見てみましょう。

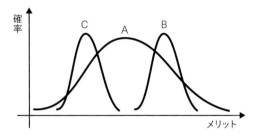

Aを優先すべき？

　タスクAは得られるメリットの振れ幅が大きい、高リスクなタスクです。Bはそれほど振れ幅の大きくない、低リスクなタスクです。Cは低リスクで低価値なタスクです。AをBと比較して、Bより低価値で高リスクだから「実装すべきでない」と判断すべきなのか、それともCと比較して、Cより高価値で高リスクだから「最優先で実装すべき」と判断すべきなのか、意見が分かれそうです。

重要事項を優先する

　何を優先すべきかについて、よく言及される考え方が「重要事項を優先する」です。これを掘り下げてみましょう。
　「重要事項を優先する」は、Stephen R. Coveyが著書『7つの習慣』[注12]で紹介した、7つの習慣のうちの第3の習慣です[注13]。
　Coveyの定義によれば、「緊急」とは「すぐに対応しなければいけないように見えるもの」で、「重要」とは「あなたのミッション、価値観、優先順位の高い目標の達成に結び付いているもの」です。たとえば鳴っている電話は

注12　Stephen R. Covey著、James Skinner／川西茂訳『7つの習慣——成功には原則があった！』キングベアー出版、1996年。
　　　原著は1989年にアメリカで発行され、世界的なベストセラーになりました。Stephen R. Covey, "The 7 Habits of Highly Effective People". Free Press, 1989.
　　　2004年に英語版が改訂され、2013年に日本でも新しい翻訳が出ています。Stephen R. Covey, "The 7 Habits of Highly Effective People: Restoring the Character Ethic", Free Press, 2004. Stephen R. Covey著、フランクリン・コヴィー・ジャパン訳『完訳　7つの習慣——人格主義の回復』キングベアー出版、2013年。
　　　訳語にも変化がありますが、本書では初出である1996年版の訳語を採用し、2013年版の訳語は脚注で紹介します。
注13　英語ではPut First Things Firstで、2013年版では「最優先事項を優先する」です。

「緊急」です。「重要」はあなた個人の目指す方向性によって決まります[注14]。

「やらないと会社が潰れる仕事」は社長にとっては重要でも、あなたにとって重要とは限りません。あなたにとっては、出産を控えて体調の悪い妻のために早く帰ることのほうが重要かもしれません。

Coveyはタスクを、緊急か緊急でないか、重要か重要でないかの2軸で、4つの領域に切り分けて解説しました。この考え方は、その後多くの人に引用されたので、見たことのある人も多いでしょう。

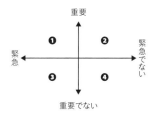

緊急・重要の4つの領域

❶は緊急で重要なタスクです。これはもちろん最優先でやるしかないです。「まず基地を作る」(54ページ)では、まずは「今日やらないといけないタスク」を最優先にしました。

一方で、毎日❶のタスクが多いと、ずっとタスクに追われ続ける人生になります。これはつらいですね。Coveyは、❶を減らすために、重要だが緊急でない❷に投資しよう、と説明しました。

この❷をやる時間はどこから得られるでしょうか？ 新しいタスクを実行するためには、ほかのタスクから時間を奪う必要があります。緊急で重要である❶からは奪うことができません。となると、重要でない❸か❹から奪うことになります。たとえば、緊急だが重要でないタスク❸に対してNoと言い、その時間を❷のタスクに割り当てるのです。

「まず基地を作る」(54ページ)で、まずは「今日やらないといけないタスク」を最優先にしましたが、これは本当に正しいのでしょうか？ その「今日やらないといけないタスク」は、本当にすべて「緊急で重要」なのでしょうか？ これを考えなおし、重要でないものにNoと言うことが必要です。

❸にNoと言い、その時間を❷に割り当てるためには、主体性が大事です。

注14 この個人の目指す方向性については、第2の習慣「目的を持って始める」で語られています。英語ではBegin with the end in mindで、2013年版では「終わりを思い描くことから始める」です。

なぜなら❸はあなたに働きかけてきて、❷は働きかけてこないからです。あなたが自分の外からの働きかけに反応して行動していると、どんどん飛び込んでくる❸ばかりをやって❷をまったくやらないことになってしまいます。外からの刺激ではなく、自分から行動することが必要になるわけです。

これが第3の習慣の簡単な説明でした。Coveyの説明では「緊急」や「重要」の境界は明確なようですが、私にはその境界が明確ではない人も多いように見えます。たとえばメールで「緊急で〜をやってくれ！」と届いたとき、それは緊急でしょうか？メールの文面を真に受けるならそうですが、それはあなたが自分の頭を使って判断せずに、他人の判断を鵜呑みにしている状態です。

■────「通知された」は「緊急」ではない

「緊急」と「最近通知されたもの」は混同しがちです。タスクを書き出していないなら「すぐやらないと忘れてしまうかもしれない」という不安感から、やっていた作業を投げ出して着手してしまうかもしれません。でも、まずは入ってきたタスクを記録して、それから自分のペースでそのタスクについて考える時間を持ったほうがよいでしょう。

まず考えるべきことは「これは自分にとって重要なのか？」です。自分にとっても重要なら、依頼を引き受けるのもアリでしょう。その場合、そのタスクに時間を奪われることで、何か別のタスクが止まることになります。ぼんやりしていると重要な❷のタスクが緊急でないという理由で止まってしまいます。そうではなく❸を止めることができないか考えましょう。たとえば入ってきたタスクが他人からの依頼なら、依頼を引き受けることの交換条件として、別の❸のタスクを止めることができないか交渉する余地があるかもしれません。

■────価値観はボトムアップに言語化する

Coveyは、何が重要かはあなたのミッションや価値観によって決まると言いました。人生の目標やミッションや価値観は、明確にすることが大事だとよく言われます。しかし、明確にしろと言われてもぱっとできない人のほうが多いでしょう。そのような状態で適当に決めたとしても、普段の活動にはうまく結び付かなかったりします。第1章で見た「ピラミッドの頂上だけ持ってきてもしっくりこない」に似た現象です。

人生の目標は、ピラミッドの頂上部分です。これを先に決めて、そこから噛み砕いて個々の行動を決めることを、頂上から降りてくるという意味

でトップダウンと呼ぶことにしましょう。GTDのAllenはトップダウンとは逆に、下から上がっていくボトムアップを推奨しました[注15]。この場合の一番下の部分は、日々行う行動です。

Allenは人生の目的と、現在の行動の間を以下のように分割して解説しました。

人生の目的と現在の行動の間の階層

注15 『はじめてのGTD』での説明と、Allenによる続編の『ひとつ上のGTD ストレスフリーの整理術 実践編――仕事というゲームと人生というビジネスに勝利する方法』(David Allen著、田口元監訳、二見書房、2010年)とでは少し説明が変わっているので、両方の表現から私がマージしました。

Column

7つの習慣

Coveyは『7つの習慣』の中で、人の成長プロセスを支える習慣を7つ紹介しました。彼は、成長のプロセスには、依存状態から自立状態へと変わる「私的成功」と自立状態から相互依存状態へ変わる「公的成功」の2つがあり、それぞれを3つの習慣が支えると考えました。

- 私的成功を支えるもの
  ❶主体性を発揮する
  ❷目的を持って始める
  ❸重要事項を優先する
- 公的成功を支えるもの
  ❹Win-Winを考える
  ❺理解してから理解される
  ❻相乗効果を発揮する

これに全体を支える「刃を研ぐ」を加えたものが7つの習慣です[注1]。

注1　2013年版で訳が変更されています。
　　❶主体的である ❷終わりを思い描くことから始める ❸最優先事項を優先する ❺まず理解に徹し、そして理解される ❻シナジーを創り出す

読者のみなさんの中には日々忙しい人も多いでしょう。忙しい人は、すでに「現在の行動」をたくさん抱えています。トップダウンのアプローチでは、まず人生の目的を設定し、それを分解して新たなタスクを作ります。つまり追加で新たなタスクが発生します。それを受け入れる時間や心の余裕はあるでしょうか?

GTDでは、まず日々行っている「現在の行動」に集中します。たとえば同僚に頼まれてちょっとした作業の自動化プログラムを書いて、とても喜ばれたとします。そしてあなたは「自分としては大したことないと思っている作業で、こんなに同僚が喜ぶんだ」「ほかにもいっぱい自動化で解決できる問題が眠っていそうだぞ」「こういう活動は楽しい、もっとやりたい」と思ったとしましょう。これがボトムアップで「注意を向ける分野:同僚の抱えている問題を自動化で解決」が作られた状況です。

「注意を向ける分野」が言語化されると、それは下の「プロジェクト」「行動」に影響を与えはじめます。「この実装は退屈な作業だと思っていたけど、自動化にも流用できそうだぞ」「○○さんとのミーティング、単に現状を報告するだけの予定だったけど、ついでに何か困っていることがないか聞いてみようか」などなど。日々の行動に、高い視点からの意味付けがなされて、裁量の幅の中で自分の一番おもしろくなる方向へと舵を切ることができるようになります[注16]。

優先順位を今決めようとしなくてよい

優先順位付けに関連して、いろいろな考え方を紹介してきました。ここでまとめます。

まず、優先順位付けは思っているほど簡単ではありません。「順位」を付けることが本質的に難しいからです。タスクの数が多いと大変ですし、たった2つのタスクであっても、評価軸が複数あったり、不確実性があったりして、意外とどちらが優先かが決められません。この難しい優先順位付けが、現時点でタスクが多くて混乱している人に可能でしょうか? 私は不可能だと思います。

GTDのAllenは、日々の行動を行う中で、徐々に自分の価値観や人生の

注16　第5章で解説するKJ法も、トップダウンではなくボトムアップで、と強く主張しています。気になることを判断の前に収集するところなど、GTDとKJ法には似ているところが多く、私はとても興味深く思っています。

目的が明確になる、と考えました。そしてその価値観などの軸が明確になると、その軸に照らし合わせて、各タスクの重要度がわかるようになります。優先順位付けができるようになるのはそのあとのことです。優先順位付けは今やるべきタスクではありません。目の前の具体的なタスクをこなしながら、自分がどういうタスクが好きなのか、どうなるとうれしいのかを日々観察していくことで、事後的に優先順位付けができるようになるのです。

1つのタスクのやる気を出す

　ここまでの節で、たくさんのタスクからどれをやるか選択することの心理的コストがやる気を失わせることを見てきました。しかし、タスクを1つ選んでもやる気が出ないケースがあります。これはなぜ起こるのでしょうか？ タスクが1つのケースを掘り下げてみましょう。

タスクが大きすぎる

　タスクが1つ選べているのにもかかわらずやる気が出ない人に、そのタスクが4時間以内に終わりそうかどうか聞いてみました。58％の人は終わりそうにないと答えました。タスクが大きすぎるのではないでしょうか？
　また、4時間で終わらないと思っている人の75％は、そもそもどのくらいの時間がかかるかがわからないと答えました[注17]。
　タスクが大きすぎてゴールが遠いことや、タスクの大きさが見積もれていないせいで漠然と大きそうに思うことが、腰を重くしているようです。

■──── 執筆という大きなタスク

　私が今まさに取り組んでいる「1冊の本を書く」という知的生産タスクも、大きすぎて時間が見積もれないタスクです。こういう大きなタスクの状態

注17　ここは正確には、4時間以内に終わらなさそうと答えた人のうち、最初の25分でやることを答えられた52％の、それをやったらどうかと言われてやる気が出た人58％を取り除いたものが母数です。

では多くの人は筆が進まないので、「1章ごとに締め切りを設定する」というタスク分割をするのが一般的です。でも、この1章分の執筆というタスクでも、まだだいぶ大きいですね。4時間では書けないです[注18]。

　この大きなタスクのやる気を出すために、私は「本を書く」という大きなタスクを、「アイデアをメモしてふせんを作る」「ふせんを並び替えて構成を考える」「構成をもとに原稿に起こす」という3つのフェーズに分割しています。この方法の良いところは、「ふせんを書く」の部分がたとえば通勤電車の中のような断片的な時間でも実行できることです。何もないところから文章を書くのはとても腰が重いですが、アイデアをメモしたふせんがたくさんある状態でそれを文章に変換するのはそれほどではありません。この方法論については第5章で詳しく解説します。

タイムボックス

　大きすぎるタスクを小さく刻む手軽な方法が「時間で切る」です。タスクに合わせて時間を決めるのではなく、時間を固定する手法を、「決まったサイズ（時間）の箱にタスクを入れる」というイメージでタイムボックス化（timeboxing）と言います。

　タスクの切り方には、量で切る方法と、時間で切る方法があります。似た粒度のタスクがたくさんあって、1個1個にかかる時間がさほど長くない場合は、量で切ることができます。たとえば、英語の勉強で、短文和訳を10問解いたら一休みにする、などが量で切る例になります。

　一方で時間で切る方法は、1個のタスクにかかる時間が長くても使うことができます。特に、たとえば「ある分野についての情報収集をする」や「プレゼン資料をブラッシュアップする」などのタスクは、終了条件が明確ではないので時間で切るのがフィットします。

■——— 集中力の限界

　人間が集中力を持続できる時間には限界があると昔から考えられており、たとえば小林忠嗣は人間の集中力が持続するのは最大で2時間だから、業務をブレイクダウンした結果が2時間以上のタスクになるなら、そのタス

注18　いろいろ下準備と書きかけ原稿がある状態で書きはじめて、ここまでですでに4時間を超えています。

クをさらに分解してそれぞれのゴールを明確化する必要がある、と主張しています[注19]。

2時間の集中力限界をフルに活かすために、全社的に集中タイムを設ける会社もあります。たとえばトリンプという会社では、毎日昼休み後の12:30〜14:30の2時間を「がんばるタイム」と呼び、社内の会話などを禁止しています。部下への指示や上司への確認、社外との電話も禁止です。他人とのコミュニケーションで集中力が途切れることがないようにしているわけです。周りが一斉に集中状態になることで、自分も集中状態に入りやすくなりますし、作業の計画も立てやすくなります。

山道のハイキングをイメージしてみましょう。

左：ゴールが遠い　右：近くに休憩所というサブゴールを作る

ゴールが遠くにあると、気持ちが弱って、すぐに休憩を取りたくなります。つらい坂などがあると特にそうです。でも、その坂を上がった先に休憩所があるとわかっていたらどうでしょうか？　山頂はまだ遠いとしても、休憩所まで頑張ろうという気持ちが湧くのではないでしょうか。

タイムボックス化もよく似ています。たとえば「これから25分間Xをやるぞ」と自分に宣言してタイマーをスタートすると、10分でそのタスクがつらくなっても「あと15分頑張れば終わりだ」と思って頑張ることができます。時間の区切りがなく「今日はXをやらなきゃ」でXを始めると、つらくなったときにほかのものに逃げたくなります。たとえば、メールをチェックしたり、同僚の相談を親切に引き受けたり、トイレに立ったり。

逃げた本人は「メールをチェックするのは仕事の一環だ」「同僚の相談に乗るのは仕事上必要なことだ」「トイレに行くのは生理的欲求だからしかたない」と行動を正当化するでしょう。しかし他人の視点で観察すると、これらは全部「つらいタスクから10分で逃避して、ほかのことをしている」という状態に見えます。緊急でないが重要なタスクから、自分で緊急のタスク

注19　『知的生産性向上システムDIPS』

を作り出して時間を奪っている形です。

このような逃避を避けるために、時間を区切って、見えるところにゴールを設定することが有用なのです。

■──── ポモドーロテクニック

このタイムボックスの考え方を個人のタスク管理に応用したのが、Staffan Nötebergが著書『アジャイルな時間管理術』で紹介したポモドーロテクニックです。本章でも何度か言及している「25分」という値は、ポモドーロテクニックを参考にして決めています。『アジャイルな時間管理術』では25分を「1ポモドーロ」と呼んでいます[20]。

ポモドーロテクニックは簡単に言えば以下のような手法です。

- 今日1日分のタスクリストを作る
- タスクの大きさをポモドーロの個数で見積もる
- 1ポモドーロの間はタスクの変更をせずに1つのことに集中する
- もし自分または他人による割り込みが発生したらそれを記録する
- 1ポモドーロ集中した状態を継続できたら、立ち上がって数歩歩くなどして視点を切り替える[21]

連続的なものとしてとらえられがちな「時間」を、決まった長さで切り取り「ポモドーロ」と名前を付け、その「個数」でタスクの大きさを見積もるわけです。

■──── 見積り能力を鍛える

あるタスクが1ポモドーロ（25分）で終わるのか、それとも4ポモドーロかかるのかはどうすればわかるでしょうか？ これはつまり「見積り能力はどうすれば鍛えられるか」です。

注20 　25分という長さには何か深遠な意味があるのかと勘違いする人もいるようですが、長さには意味はありません。Staffanは25分間の集中ができない人向けには、10分や15分に短くしてみることを勧めています。

注21 　集中力の高い人の中には、25分を短いと感じ、ポモドーロテクニックを集中力のない人向けの手法だと考えてしまう人もいるようです。私の経験談を少し話しましょう。私はあるときとても難しいプログラミング上の課題と取り組んでいて、1ポモドーロでは終わりませんでした。しかしタイマーが鳴ったので、立ち上がって数歩歩きました。そのとき、自分がやっていた方法よりももっと良い解決方法を思い付きました。急いでデスクに戻り、新しいアイデアを1ポモドーロ試したところ、課題があっさりと解決しました。もしポモドーロタイマーが鳴らなければ、私は問題に対して視点を近付けた狭い視野のまま、より良い方法に気付かずに悪い方法で作業を続けていたかもしれません。集中力が高くても、正しくない対象に集中したのでは価値の低い時間の使い方になってしまいます。

見積り能力は、見積もり、実行し、実際にかかった時間と見積りを比較し、ズレの理由を考えることで徐々に鍛えられます[注22]。見積もるものは少なくとも2つあります。各タスクが何ポモドーロでできるのかと、自分が1日で何ポモドーロできるのかの2つです。各タスクが何ポモドーロでできるのかの見積りは、まず1ポモドーロでできそうなタスクの量を見積もってみて、実際にやってみて、ズレを観察することで鍛えます。1ポモドーロで終わると思ったものが終わらなかったり、逆に早く終わったりという経験を積み重ねて、見積り精度が徐々に上がるのです[注23]。

　自分が1日で何ポモドーロできるのかの見積りも、実際に毎日やってみることでわかります。ですが、これは誤解されがちなところなので強調しておきましょう。「1ポモドーロは25分で、1日8時間働いているから、1日に16ポモドーロくらいできるだろう」という考えはよくある勘違いです。実際に計測してみると、ほとんどの人は1日に16ポモドーロできません。

　人間は8時間で16ポモドーロできないのだと思ったほうがよいでしょう。人間は50mを7.5秒で走れるとしても、1500m走を225秒では走れません。50m走7.5秒は日本の高校1年生の平均記録ですが、1500m225秒は日本の女子ベストより28秒も速いです。それと同じで、25分集中を維持できたとしても、その集中を8時間維持することはできないのです。

　『アジャイルな時間管理術』のまえがきでは、1日に12ポモドーロくらいはできるだろうと思っていたが、せいぜい8ポモドーロが現実的なラインだった、という感想が紹介されています。私も同感です。1日にできるのは4〜8ポモドーロ程度です。

　見積りの精度が高まってくると、タスクの大きさと、自分の使える時間の大きさとが見えるようになってきます。1ポモドーロかかるタスクを引き受けると、何かほかの1ポモドーロのタスクが明日に送られることになります。限られた資源を何に使うか考えるゲームのようです。

■——— 分単位で見積もるタスクシュート時間術

　ポモドーロテクニックではタスクをポモドーロの個数で見積もりますが、心理ジャーナリストの佐々木正悟が提案したタスクシュート時間術は、

注22　これは理解を検証するために実験をすることとよく似ています。

注23　このサイクルを回して改善していくやり方は、Plan Do Check Adjust の頭文字を取って PDCA サイクルとも呼ばれています。コラム「PDCA サイクル」(72ページ)を参照してください。

1分単位でタスクにかかる時間を見積もります[24]。

注24 佐々木正悟著、大橋悦夫監修『なぜ、仕事が予定どおりに終わらないのか？——「時間ない病」の特効薬！タスクシュート時間術』技術評論社、2014年

Column

PDCAサイクル

PDCAサイクルは有用な概念ですが、AがActionだったりAdjustだったり、CではなくSだったりと多様なバリエーションがあるので混乱する人も多そうです。大事なのはサイクルを回して徐々に改善していく考え方であって、細部はここでは重要ではありませんが、気になる人が多いようですので解説しておきます。

1950年ごろ、経営学者のWilliam Edwards Demingがデミングサイクルを作ります。これは、製品を設計する→製品を製造する→市場に出す→ユーザーが何を考え、ノンユーザーがなぜ買わないのかを調査する→製品を再設計する、というサイクルでした。Deming自身は共同研究者の名前を取って「Shewhart Cycle」と呼んでおり、合わせて「デミング・シューハートサイクル」と呼ばれることもあります。

同時期に、日本でこれを参考にして「計画・実施・チェック・アクション」というサイクルが作られます。これが直訳されて「Plan・Do・Check・Action」というサイクルになり、英語圏に再輸出されました。そのあと、Actionだけ名詞形なのはおかしいという指摘で、AdjustやActにする派生が生まれました。私は「Actだと漠然としすぎて意味がわからないだろう」という考えで、Adjustを使って説明することが多いです。

その後、Demingは1990年ごろに、PDSAサイクルを提案します。CheckをStudyに置き換えて「行動の結果から学ぶ」という考え方を強調したわけです。このPDSAサイクルではAはActになっています。その中身は以下の3つです。

- 変更案を採用する(adopt the change)
- 変更案を破棄する(abandon the change)
- もう一度サイクルを回す(run through the cycle again)

2018年現在、日本のエンジニアの一部では米国空軍によって提案されたOODAループが流行しているようです。こちらはObserve、Orient、Decide、Actの略です。比較をしてみるのもおもしろいかもしれませんね。

私はこの話を聞いたときに、タスクを1分単位の精度で見積もることなんて無理だ、と思いました。そこで、どうやって1分単位での見積りをしているのかを、著者の佐々木正悟に質問しました。彼によると、重要なのは計測だそうです。まずは間違ってもよいので見積もって、それからタスクを実行して時間を計測し、見積りと計測結果がどれくらいずれたかを観察して学びます。1分単位になっただけで、基本的な考え方はポモドーロの個数でタスクのサイズを見積もる場合と同じです。

一度この見積りをやってみると、自分がどんなことにどれくらいの時間を使っているかを詳しく知ることができます。私が試してみて衝撃だったのはメールを書く時間でした。書きはじめる前に「5分くらいだろう」と見積もって、実際に書いてから時計を見たら35分もかかっていたのです。そのころ、私は新しいタイプの仕事を引き受けて「なぜかとても忙しいな、時間がすぐになくなる」と思っていました。しかし、その理由はまったくわかっていませんでした。原因は、新しい仕事によってメールのやりとりが増えていて、そのメールの返信に5分のつもりで35分使っていたことだったのです。だから予想以上に時間がなくなっていたわけです。

この経験で、私は「メールの返信」が、うまくコントロールしなければ意外と時間がかかるタスクなのだということを学びました。それ以来、時間がかかりそうなメールの返信をする際には、25分のポモドーロタイマーを開始することにした。また、メールの返信が1ポモドーロの大きさで、1日には4〜8ポモドーロ程度しかできないのですから、やってきたメールすべてに1ポモドーロ使っていたのでは、時間がいくらあっても足りません。「今日のタスクリスト」に書かれたほかのタスクと重要度を比較して、予定していたタスクから1ポモドーロ奪う価値があるかどうかを考え、それほどでもないと思ったら簡素に返すようになりました。

■───計測し、退け、まとめる

社会生態学者のPeter Druckerも次のように言っています。

> 私の観察では、成果をあげる者は仕事からスタートしない。（中略）計画からもスタートしない。時間が何にとられているかを明らかにすることからスタートする。次に時間を管理すべく、時間に対する非生産的な要求を退ける。そして最後にそうして得られた自由になる時間を大きくまとめる。したがって、時間を記録する、整理する、まとめる

の三段階にわたるプロセスが、成果をあげるための時間管理の基本となる。

——Peter Drucker著、上田惇生編訳『プロフェッショナルの条件——いかに成果をあげ、成長するか』ダイヤモンド社、2000年、p.119

「仕事だからやる」ではなく、「計画だからやる」でもなく、「まずは計測をしよう」というわけです。この「まずは計測」という考え方は、プログラマーにとっては「プログラムを高速化したくなったときには、まずどこが遅いのかを詳細に計測(プロファイリング)するべきだ」という形でよく知られています。

計測することで何にどれくらいの時間が使われているかがわかったら、次は、かかる時間が大きいのに得られる成果の小さい非生産的なタスクを断ります。それによって自由になる時間ができます。細切れでは効率が悪いので、大きなまとまった時間にします。たとえば、細切れ時間でできるメールチェックは細切れ時間でやって、大きな塊の最中にやらないようにするわけです。

まとめ

本章では、やる気が出ない状態をどうやって解決するかについて学びました。やる気を損ねる大きな原因は、タスクを1つに絞れていないことでした。また、1つのタスクを選んだあとにやる気が出ない大きな原因は、タスクが大きすぎることでした。これには、実際に大きい場合と、見積りができていないせいで大きく感じている場合とがありました。計測によって見積り精度を上げることによって、やる気が出ない状態を減らすことができます。

ページ数の都合ですべてを書くことはできませんでしたが、やる気が出ない原因を特定してやる気を出すシステムやその研究結果についてはこの書籍の公式サイトからリンクする予定です。興味があればそちらをご覧ください。

第 **3** 章

記憶を鍛えるには

第1章では、サイクルを回す学び方があることを見ました。第2章ではそのサイクルを回す原動力について学びました。サイクルを回すことは、同じ場所の堂々巡りなのか、それとも螺旋階段のように回りながら少しずつ登っていくのか、どちらでしょうか？

それは、1回のサイクルによって得られた知識が蓄積されるのかどうかによって決まります。本章では、学んだことを蓄積すること、つまり記憶について詳しく見ていきます。

記憶のしくみ

まずは人間の記憶を実現しているハードウェア、つまり脳と神経について学んでみましょう。これは良いプログラムを書くために、コンピュータがどういう部品の組み合わせで動いているのかを学ぶことに似ています。

とはいえ、本書の目的は脳神経科学の研究者を育てることではありませんから、かなり大幅に情報を絞りました。この節を読んでもっと詳しく知りたいと思った人には、神経の研究で2000年のノーベル生理学・医学賞を受賞したEric Richard Kandelによる、『記憶のしくみ』[注1]『カンデル神経科学』[注2]をお勧めします。

海馬

脳の中にある海馬という部分が、記憶にとても重要な役割を果たしていると考えられています。

脳の表面は大脳皮質と言われる、灰色[注3]の厚さ4mm程度の「皮」で包まれています。人間はこの大脳皮質がとても発達していて、限られた体積にたくさんの面積を詰め込むためにしわしわになっています。この大脳皮質の

注1　Larry Ryan Squire／Eric Richard Kandel著、小西史朗／桐野豊監修『記憶のしくみ 上』『記憶のしくみ 下』講談社、2013年
注2　Eric Richard Kandel／James H. Schwartz／Steven A. Siegelbaum／Thomas M.Jessell／A. J. Hudspeth編集、金澤一郎／宮下保司監修『カンデル神経科学』メディカルサイエンスインターナショナル、2014年
注3　皮質以外の白い部分と比較して慣習的に「灰色」と呼びますが、実際にはピンクです。

端の、くるりと丸まったような部位が海馬です。タオルの端を丸めたように円筒状で、脳の前後方向に2本走っています。

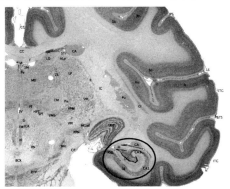

※BrainMaps: An Interactive Multiresolution Brain Atlas;
http://brainmaps.org [retrieved on 2018/6/25], used under CC BY 3.0, Adapted

大脳皮質の端が丸まったところが海馬

海馬を取り除かれた人

なぜ海馬が記憶に重要だと思われたのか、そのきっかけを説明しましょう。1953年、ある人が手術で海馬周辺を取り除き[注4]、手術後、彼はものを覚えられなくなりました。この発見があるまで、ほかの部位を取り除く手術も行われていましたが、記憶が妨げられることはありませんでした。海馬は記憶に重要な役割を果たしているだろうと考えられます。

興味深いことに、彼は会話をしたり日常生活を送ることは問題なくできました。また幼少期の記憶は問題なく、また短い期間一時的にものを覚えることはできました。数日以上持続する記憶を新たに作ることだけができなくなったのです。

このことがきっかけとなって、海馬に注目が集まるようになりました[注5]。

Morrisの水迷路

海馬が記憶に関係するらしいとわかったものの、人間の海馬を壊す実験

注4　彼は原因不明のてんかんを発症していて、てんかんの発生源と思われる部位を外科的に取り除けば治ると考えられたのです。

注5　『記憶のしくみ 上』p.40

は倫理的に難しいので、ラットなどを使った実験が盛んになりました。中でも重要な「Morrisの水迷路」について説明します。

Morrisの水迷路は、ラットを不透明な水に落として、足場を探させる実験です。神経科学者Richard G. Morrisが考案しました。まず円柱状の水槽を用意します。この中に直径10cmの足場を用意します。足場は水面の1cm下までしかなく、水は不透明にしてあるので、どこに足場があるのかは目で見てもわかりません[注6]。

この水槽にラットを落とします。ラットは溺れたくないので必死に泳ぎまわり、そのうちに足場を見つけます。同じラットを何度も水槽に落とすと、ラットは足場の場所を覚え、すばやく足場に向かうようになります。これに対して、海馬の機能を壊したラットは、足場の場所を覚えることができませんでした[注7]。

記憶は1種類ではない

この2つの事例には、それぞれおもしろいバリエーションがあります。比較してみましょう。

海馬を取り除く手術を受けた人は、新しい記憶を作ることができなくなりました。しかし「鏡に写した星型をなぞる」という訓練をさせると、徐々にうまくなぞれるようになりました。つまり、言葉にできる記憶は作れないのですが、手をうまく動かす技能の記憶は作れるわけです[注8]。

Morrisの水迷路の実験で、Morrisはラットを水槽に入れる位置を毎回変えていました。しかし、ほかの人が毎回同じ場所に入れたらどうなるかを実験したところ、海馬を壊したラットでも足場にたどり着くまでの時間が短くなることがわかりました。つまり、海馬を壊したラットは「未経験のスタートから足場にたどり着くための記憶」は作れないのですが、「同じスタートから足場にたどり着くための記憶」は作れるのです[注9]。

どちらのケースも、記憶は1種類ではないことを強く示唆しています。

注6 水槽のサイズはサイズは直径150～200cm、深さ50cmぐらいです。水槽の周囲には場所を把握するための目印が付けてあります。

注7 具体的には、海馬のNDMA受容体を遮断する薬物を海馬に注入しました。『記憶のしくみ 下』p.32

注8 しかも、この訓練をしたことを本人は覚えていません。『記憶のしくみ 上』p.45

注9 学習が終わったあとで、ラットを水槽の新しい場所に入れた場合、正常なラットはすばやく足場にたどり付けるのに対し、海馬を壊したラットは、学習の初期と同じように泳ぎ回って足場を探し、たどり着くまでに長い時間がかかりました。『記憶のしくみ 上』p.262、ボストン大学のHoward Eichenbaumらの実験です。

人間の場合は、言葉にできる記憶と、手をどう動かすかの運動技能の記憶とは別物、という表現ができるでしょう。たとえば自転車に乗れる人でも、自転車に乗る方法を言葉で説明するのは難しいです。この種の言葉にできない知識を「非陳述記憶」と呼びます[注10]。

ラットは言葉をしゃべらないので、言葉にできるかどうかとは異なる切り口になります。普通のラットは、直接観察できる「目印の見え方」の情報をもとに、直接観察できていない「足場の場所」の記憶を作り出しているのでしょう。なので、違う場所からスタートしても、すばやく足場にたどり着くことができるわけです。一方、海馬の壊れたラットは、水に落とされたあとどう泳いで足場にたどり着いたか、という具体的な手順を丸暗記しているのでしょう。なので、違う場所からスタートすると、何も学習していないときと同じように足場を探し回ったのです。

「目印の見え方」から「足場の場所」を作り出すことは、第1章で説明した「抽象化」に相当します。具体的な経験（目印の見え方）から抽象化してモデル（足場の場所）を作ることができたラットは、新しい問題（新しいスタート位置）に対しても効率良く答えを出すことができました。一方、具体的な経験（どう泳いだら足場に着いたか）を丸覚えしただけのラットは、新しい問題に対して、また試行錯誤をしなければならなかったのです。

海馬は、学びのサイクルの中で重要なフェーズを担当しているのです。

記憶と筋肉の共通点

さて、脳の中の海馬というデバイスが、ある種の記憶を作るうえで大事だということを学びました。次は、そのデバイスの中身にクローズアップしてみましょう。

そもそも、脳にはどういう原理で情報が書き込まれるのでしょう？ HDDは磁性体の円盤を回転させて磁気で書き込み、SSDなら電気的に接続され

注10 「思い出す」という行為も、思い出す方法を言葉で説明するのは難しいです。一部の記憶術の達人は、たとえば「建物を詳細にイメージして、場所に知識を置いていく。思い出すときには建物の中を歩き回ればよい」などと思い出し方を説明できるようです。私はこういう記憶術を習得できていないので、自分がどうやって思い出しているのか説明できません。

ていないゲートにトンネル効果で電子を送り込むことで書き込んでいます。人間の脳はどういうしくみでしょうか？

信号を伝えるシナプス

　脳には「ニューロン」と呼ばれる神経細胞が、100億～1,000億個程度あるとされています。1つのニューロンからはたくさんの突起が生えています。そしてこのたくさんの突起を使って、1つのニューロンがほかのニューロンと約1,000個の継ぎ目を作っています。

　この継ぎ目部分を「シナプス」と呼びます。ニューロンも電子回路と同じように電位の変化で情報を伝えます。情報を送る側の細胞を「シナプス前細胞」、情報を受ける側の細胞を「シナプス後細胞」と言います。

シナプスとその前後の細胞

　シナプスは単につながっているのではなく、シナプス前細胞からシナプス後細胞へ一方通行で情報を送るしくみになっています[注11]。デジタル電子回路でたとえるなら、あるマイコンの出力ピンから導線が伸びていて、別のマイコンの入力ピンにつながっている状態に似ています。

　信号を送るシナプス前細胞に信号が伝わると、この細胞はシナプスの隙間に特殊な物質（神経伝達物質）を放出します。信号を受けるシナプス後細胞の表面には、この物質に反応するセンサのような物質（受容体）が付いています。この受容体に神経伝達物質が結合すると、シナプス後細胞の電位が変化します。

注11　シナプス後細胞が興奮したときに、そのことを前細胞に伝える伝達経路が別途ありますが、本題ではないので割愛します。

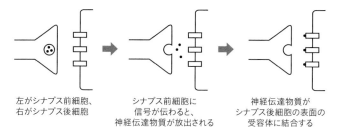

左がシナプス前細胞、	シナプス前細胞に	神経伝達物質が
右がシナプス後細胞	信号が伝わると、	シナプス後細胞の表面の
	神経伝達物質が放出される	受容体に結合する

シナプスの拡大図

　この説明だと、シナプス前細胞に信号が来たら、必ずシナプス後細胞に信号が伝わると誤解するかもしれませんが、そうではありません。シナプス前細胞に1回信号が伝わっただけでは、シナプス後細胞の電位は少ししか変わらず、次の細胞に信号を伝えないまま元の電位に戻ってしまいます。

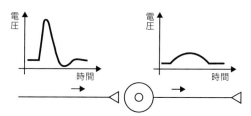

信号1回では弱い電位変化しか起きない

　ではどういうときに信号が伝わるのでしょうか。たとえば複数の細胞から短い時間の間に立て続けに信号が届くと、それぞれの信号が起こす電位の変化が足し合わされて大きくなります。

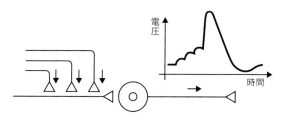

立て続けに信号が来ると大きな電位変化が起きる

　電位がある程度まで上がると、シナプス後細胞の別のスイッチが発動し、一気に100mVほど追加で上がります。この急激な電位の上昇を「発火」と言

い、これが起きるとさらに先の細胞に信号を伝えることができます。「ある
程度の電位」は細胞や状況によって異なりますが、典型的には15mV[注12]ほど
です。図では単独の刺激では6mV程度しか変わらず、刺激が3つ重なるこ
とで15mVを超えることを表現しました。

シナプスの長期増強

シナプス後細胞が発火すると、シナプス後細胞表面の受容体が増えます。
つまり、それ以降より少ない刺激でシナプス後細胞が発火するようになり
ます。これを長期増強(*Long-term potentiation*、LTP)と呼びます。

この長期増強は2時間程度で元に戻ってしまうので、このしくみだけで
は、私たちが何日も記憶を保持できることが説明できません。しかし、短
い間隔で4回刺激すると、長期増強が28時間程度持続するようになります。
持続時間が短いほうを「前期長期増強」、長いほうを「後期長期増強」と呼び
ます。興味深いことに、タンパク質の合成を阻害する薬品を与えると、前
期長期増強は影響を受けず、後期長期増強だけが起こらなくなります。

前期長期増強では、あらかじめ作って細胞の中に溜めてあった受容体が、
細胞膜に設置されます。これはすばやく実現できますが、受容体のストッ
クが減るので長続きしません。

一方で後期長期増強では、受容体を作る量自体が増えます。作る量が増
えるので、細胞膜の受容体の量が多い状態を長く維持するわけです。タン
パク質合成阻害剤がこのプロセスを止めるのは、受容体がタンパク質だか
らです[注13]。

注12 mV(ミリボルト)は電圧の単位です。乾電池の電圧がおよそ1.5V=1500mVなので、15mVは乾電池
の100分の1の電圧です。

注13 タンパク質は、まずその設計図(DNA)が入っている核から、その設計図をRNAに転写し、それをも
とに作られます。後期長期増強が起きているときにはこの転写が盛んになっています。

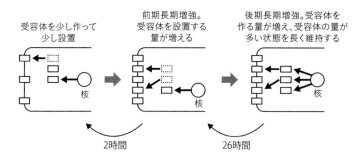

前期長期増強と後期長期増強

まず消えやすい方法で作り、徐々に長持ちする方法に変える

　ここまでの話は、海馬の中の1つのシナプスだけに注目していました。学習を繰り返すとシナプスの数も増えます。

　海馬を取り除かれた人の事例では、手術の数年前までの記憶を思い出すことはできませんでしたが、会話に支障なく幼少期の記憶も思い出すことができました。なので、記憶は海馬だけに保管されているのではなく、時間をかけて大脳皮質などに移動していくものと考えられています。

　このように、生物の脳は、まずはすぐに作れてすぐに消える記憶を作ります。そして、その記憶が消えるまでの間に同じ刺激が来ると、もうひと手間かけてもっと長持ちする記憶を作ります。コンピュータでファイルを保存するときは「保存」の命令を1回実行するだけで保存されますが、人間の脳はそうではないのです。記憶は段階的に作られ、繰り返すことによって徐々に長持ちする方法で保存されていくのです。

　繰り返し使うことで徐々に強くなっていくものと言えば、筋肉です。記憶を作ることは、ファイルの保存よりも、筋肉のトレーニングに近いのです[注14]。

注14　脳には、強い恐怖などを感じたときに、一時的に記憶を定着しやすくするしくみがあります。ただ、日常的に記憶のためのツールとして使えるものではないので、説明を割愛しました。

繰り返し使うことによって強くなる

　記憶と筋肉が似ていることを学びました。では、違う点はどこでしょうか？　記憶には、情報をインプットする「記銘」のフェーズと、情報をアウトプットする「想起」のフェーズがあります。記銘のフェーズでだけ海馬の中で4〜12Hzのシータ波が発生するなど、この2つのフェーズでは何か違うことが起こっているようです。

　記憶のために何かを繰り返そうと考えたとき、インプットを繰り返すことをイメージしがちですが、両方が必要です。実は、脳には似た情報が繰り返し入ってきた場合に、どんどん鈍くなり、その情報を無視するようになる現象も観察されています[注15]。これは役に立たない刺激を無視するためのしくみですが、同じ文章を繰り返し読まされると、だんだん退屈になってくるのに似ています[注16]。

　脳にとって「役に立つ」とは何でしょうか？　それは「報酬が得られる」ということです。達成感や楽しさ、喜びなどの精神的な報酬が得られないと、脳はそれが役に立たない、無視すべき情報であるかのように振る舞ってしまいます。

　インプットだけを繰り返していると、退屈になりがちです。アウトプットまで含めて繰り返す必要があります。そして、アウトプットに対して報酬が得られると、なお良いです。

注15　「馴化」と言います。
注16　これはたとえ話です。1つの神経細胞の中での現象と人間総体での現象は同一視できません。

Column
海馬では時間が圧縮される

　情報をインプットするときに海馬で発生しているシータ波は、時間を10倍程度に圧縮する働きをしています。

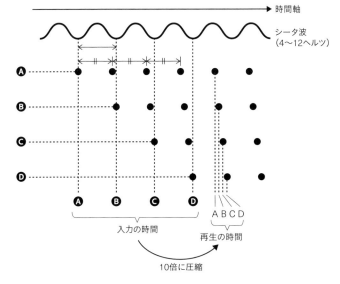

海馬による時間圧縮

　図のA、B、C、Dは異なる海馬の細胞です。これがA、B、C、Dという順番で刺激されたとしましょう。刺激を受けた細胞は、まずシータ波と同期して発火し、その後シータ波よりも1割程度短い間隔で発火を繰り返します。海馬は、入ってきた情報を何度も再生しているわけです。しかもこの再生は、入力時に「ABCD」と入ってくるときにかかった時間の10分の1の時間で再生します。たとえて言うなら、撮影した動画を、10倍速の高速再生で見返すような状態です。

　この実験は、ラットを使って、海馬の中の位置の記憶に関する細胞を使って行われました。ラットの目などからは、景色など見えたものの具体的な情報が入ってきます。しかし、ラット自身は自分の位置を観察することはできません。つまり位置は抽象的な情報です。具体的な情報から抽象的な情報を作り出すプロセスがここで働いているわけです。

　景色の情報から位置の情報を作る海馬の働きと、長期的な記憶を作る海馬の働きにどう関連があるかはまだわかっていません。ですが位置の情報を使う記憶術[注1]や、第1章でも紹介した「民法マップ」という地図のアナロジー、何より海馬という同じデバイスを使うことから、きっと何かの関連があるに違いないだろうと私は思っています。時間の圧縮に関しては、第4章で説明する修辞的残像の「遅く読みすぎると理解できなくなる」という考え方にも関係するのではないかと考えています。

注1　メモリーパレス、マインドパレス、Method of lociなどです。

アウトプットが記憶を鍛える

　海馬の神経科学的なしくみをもとに、繰り返しアウトプットすることが大事だと解説してきました。ここからは、心理学実験によってアウトプットが記憶に対してどのような効果を発揮しているかを見てみましょう。

テストは記憶の手段

　テストを受けて記憶をアウトプットすることは、それ自体が記憶を強化します。1939年に心理学者Spitzerが、3,600人の小学6年生に対して大規模な記憶の実験を行いました[注17]。被験者は、初日に1回だけ科学に関するテキストを読み、それから間隔を空けてテストを受けます。被験者はいくつかのグループに分けられており、グループごとにテストがいつ行われるかが異なります。このグループ間でテストの成績の差を調べることで、テストがどういう効果をもたらすかがわかるわけです。

　たとえば、7日目に初めてテストを受けた場合の正解率は31.5％ですが、教科書を読んだ日にテストを受けて、7日後に2回目のテストを受けた場合の正解率は47.4％に上がりました。

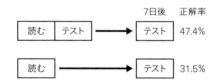

テストをするかどうかで正解率が変わる

　テストまでの時間が長くても成績が上がります。28日後に初めてテストを受けた場合の正解率は27.2％ですが、教科書を読んだ14日後にテストを受けて、28日後に2回目のテストを受けた場合は正解率が28.4％に上がりました。

　テストが行われることやタイミングは被験者には秘密です。また、テストの採点結果や正解は教えません。さらに、被験者はテキストをテスト後

注17　Spitzer, H. F. (1939). "Studies in retention". *Journal of Educational Psychology*, 30(9), 641.

に再び読むことはできません。つまり、テストのあとで間違えた問題を復習することはできないわけです。しかしそれにもかかわらず、テストを受けるとそれ以降のテストの成績が上がりました。つまり、再度インプットをしたから成績が上がったのでなく、アウトプットをしたことで記憶が強化されたのです。

テストをしてからさらに学ぶ

テストのあとに復習をすると、さらに記憶が強化されます。

心理学者KarpickeとBluntの実験[注18]では、80人の大学生が科学に関する文章を読んで、1週間後に理解度を試すテストを行いました。被験者は3つのグループに分けられて、それぞれ異なった勉強のしかたをしました[注19]。

- 1回学習群：教科書を1回だけ読むグループ
- 繰り返し学習群：教科書を4回繰り返して読むグループ
- 思い出し練習群：一度読んだあと、思い出せるだけ思い出して、それからもう一度読んで、また思い出せるだけ思い出す、という学び方をしたグループ

1回学習群の正解率は30％程度で、繰り返し学習群は50％程度とそれよりも高くなりました。これは、1回読むより4回読むほうが記憶に残る、という当たり前のことです。しかし重要なのは、思い出し練習群の成績です。この群はさらに高い70％程度の正解率でした。4回繰り返しインプットするよりも、その時間の一部をテストに回したほうが成績が良かったわけです。

自信はないが成績は高い

この3つのグループに、学習のあとに「1週間後にどれくらい覚えていると思うか？」と質問しました。1回学習群は平均して70％、繰り返し学習群は80％、思い出し練習群は60％と答えました。つまり、思い出し練習群は、勉強直後は一番自信がないわけです。実際のテストでは一番正解率が高い

注18　Karpicke, J. D. and Blunt, J. R. (2011). "Retrieval practice produces more learning than elaborative studying with concept mapping". *Science*, 331(6018), 772-775.

注19　論文では4つ目のグループが教科書を見ながら概念図を書く勉強法をしていますが、目立った結果が出ていないので省略します。

のにもかかわらずです。これは興味深いです。思い出し練習群だけが、自分の正解率を過小評価していて、ほかのただ読んだだけの群は、自分の正解率を過大評価しているわけです。

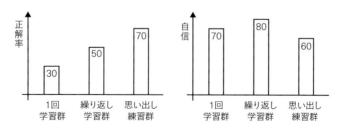

自信はないが成績は高い

　思い出し学習群は、思い出そうとすることによって、自分があまり思い出せないという事実を直視し、そのことによって自信をなくしたのでしょう。一方でインプットしかしなかった人たちは、自信をなくす機会も、自分が何をわかっていないかを知る機会もなかったわけです。自分がよく覚えているという主観的な気持ちと、客観的なテスト結果が逆になるのはとても興味深いです。自分の感覚は信用できません。

　間違えることを悪いことだと思ったり、恐れたりする人もいるかもしれません。しかし、学習序盤で間違えることは、間違えたところを重点的に学ぶことで、最終的には良い成績につながるわけです。これを自分事として経験すると、間違えることに対する恐怖が減っていきます。間違えたときに「学ぶチャンスを得た」とポジティブな気持ちになるようになります。

適応的ブースティング

　機械学習の分野で、関連した技術があります。適応的ブースティング（*Adaptive Boosting*、AdaBoost）と呼ばれる技術です。

　機械学習では「識別器」という、入力を受け取って識別結果を返すプログラムを学習によって作ります。たとえばテストで「次の写真を見て、それが哺乳類か魚類かを答えなさい」という問題を人間が解くことを考えてみましょう。これは「写真」という入力を受け取って、それが哺乳類か魚類かを識別し、その結果を返しているわけです。これと同じことをするのが識別器です。

適応的ブースティングは、能力の低い識別器（弱識別器）を集めて、もっと正解率の高い識別機を作る手法です。この手法の肝は、間違えた問題を重視することです。学習の流れを追ってみましょう。

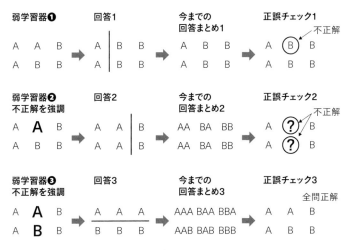

適応的ブースティング

　左上のAとBが並んでいるものが正解です。これを空間を縦または横に切ることしかできない弱い識別器で学習します。この識別器は「上の行だったらAだ」とか「1列目ならAだ」のような弱い判断能力しか持っていません。正解は階段状にAとBが並んでいるので、弱い識別器単独ではうまく識別できない「難しい問題」です。これに挑戦します。

　まず弱学習器❶に正解データを学習させます。そして、この学習器が正しく答えられるかどうかをテストします。テストで回答1のように縦に切ると答えたとしましょう。これを正誤チェックすると、中央上の正解はAなのにBと答えていて不正解です（正誤チェック1）。

　1回目のテストに答えた弱学習器❶は脇に置いて、新しい弱学習器❷を学習します。このとき、前回間違えた問題を重視して覚えるように指示します。2回目のテストでは中央上がAであることを重視して、回答2のように縦に切ると答えたとします。この弱学習器❶と弱学習器❷の回答を合わせて多数決で識別する（今までの回答まとめ2）のですが、中央の2つで2つの識別機の意見が分かれています。なのでこの2つを不正解とします（正誤チェック2）。

この2つの不正解を重視して、新しい弱学習器❸を学習します。3回目のテストでは中央上がAで中央下がBだということを重視して、回答3のように横に切ると答えたとしましょう。3つの学習器の回答をまとめて多数決をすると（今までの回答まとめ3）、すべての問題に正しく回答できていることがわかります（正誤チェック3）。

このように、間違えた問題を重視し繰り返し学習とテストをすることで、単純な識別器の集まりでも複雑なことを理解できました。

人間でも同じです。あまり勉強していない状態で「哺乳類と魚類を識別せよ」と言われると、「水の中で生活するのが魚類で、水の外にいるのが哺乳類じゃないか？」と考えるかもしれません。これが弱識別器❶に相当します。だいたい合っているのですが、間違いもあります。クジラは水の中で生活するけど哺乳類です。

この間違いに注目して、新しい弱識別器❷を学習します。たとえば「全長5mより大きな生き物は哺乳類」だとどうでしょう？ マグロはせいぜい3mで、シロナガスクジラは20m〜34mなので一見良さそうです。しかしこれにも間違いがあります。ジンベイザメは魚類なのに20mもあります。弱識別器❸として「尾びれの向きが縦なら魚類、横なら哺乳類」を加えると、たぶんうまく識別できると思うのですが、私は動物の分類は専門ではないので私の知らない間違いがまだまだあるかもしれません[20]。そういう間違いに注目し、それをどう識別するか学んでいくことで、弱識別器の多数決での識別は正解率がどんどん上がっていくのです。

テストの高速サイクル

学校の試験では、試験中にテキストを確認することはできません。アウトプットのときにはインプットできないわけです。しかし、プログラミングは違います。プログラムを書いている最中にたとえば「文字列を結合する命令は何だったかな？」と引っかかったら、テキストを確認したりインターネットで検索をするなどしてすぐに情報のインプットを行えます。そしてインプットした情報をすぐに使って続きのプログラムを書くわけです。

つまりプログラミングは、1行1行が小さいテストです。そしてテストで思い出せなかったものはすぐにインプットします。さらにインプットした

注20　陸上を胸ビレで歩く魚ムツゴロウや、主に肺呼吸する魚ハイギョなど、生き物は個性豊かです。

直後に、その知識を実際に使ってプログラムを書くわけです。アウトプットして、すぐインプットして、その結果を使ってまたすぐアウトプットするわけです。学習とテストのサイクルをとても高速に回しているわけです。

知識を長持ちさせる間隔反復法

KarpickeとBluntの実験では、1日の間に学習して、1週間後にテストをしました。つまり、1週間後に覚えているかどうかで記憶が作られているかどうか判断しています。中学生がテスト前に慌てて勉強しているなら、もしくはあなたが資格試験前に付け焼刃の勉強をしているなら、1週間後の成績を上げることも有益でしょう。しかし、勉強した内容がすぐに失われてしまうのでは、長期的に見ると勉強をした意味がありませんね。どうすれば、もっと長持ちする記憶が作れるのか掘り下げてみましょう。

忘れてから復習する

心理学者のCepedaらは、215人の大学生を対象に、テストまで6ヵ月の間隔を空ける実験を行いました。この実験では、2回勉強をして、2回目の勉強の6ヵ月後にテストをします。1回目と2回目の勉強の間隔を20分、1日、1週間、1ヵ月、3ヵ月、6ヵ月と変えて、テストの正解率を比較しました[注21]。

結果は1ヵ月開けたときの正解率が55％で最も高く、1週間、3ヵ月、6ヵ月は40〜50％でだいたい同じ。1日や20分開けた場合の正解率は33％と25％で、間隔を大きく開けた場合よりはるかに悪い結果となりました。

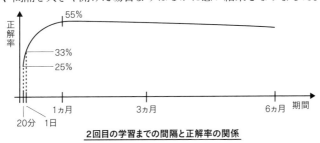

2回目の学習までの間隔と正解率の関係

注21 Cepeda, Nicholas J., et al. (2009). "Optimizing distributed practice: Theoretical analysis and practical implications." *Experimental psychology*, 56.4, 236-246.

勉強してから6ヵ月も経つと、勉強した内容が完全に消えてしまうのではないか、と不安に思うかもしれません。私もそう思っていました。実際、2回目の学習の際の正解率は、20分や1日の場合は90％を超えているのに対して、6ヵ月の場合は20％程度です。前者は「9割正解した、自分はちゃんと覚えられているな」と良い気持ちになり、後者は「ああ、6ヵ月も勉強をサボったせいでほとんど忘れてしまったなぁ」と悲しい気持ちになることでしょう。でも、後者のほうが最終的なテストの成績は良いのです。主観的な「覚えている感」と、客観的なテストの成績とは一致しないのです。ある程度忘れるまで間隔を開けたほうが、長期的な記憶を鍛えることに有効なのです。

この論文では、テストまでの間隔が1日以上のときには、テストまでの間隔の10分の1程度の時期に復習するのがよいと結論しています。しかし、最適な間隔にこだわりすぎると、最適な日に用事などがあって勉強できないときに、何か失敗したような気持ちになってやる気を損ねます。ピークを過ぎたあとの成績の下り方はなだらかなので、最適な1ヵ月後に復習をするのを忘れ、6ヵ月経ってから復習をしたとしても、1日で復習した場合よりテストの成績は良いのです。最適な間隔のことはあまり気にしないほうがよいでしょう。

ライトナーシステム

Cepedaらの実験は、2回しか学べないという条件でした。しかしこれは現実的ではありません。実際には何度も繰り返し学ぶことができます。繰り返し学ぶ方法にはどのようなものがあるでしょうか？

1972年に科学ジャーナリストのSebastian Leitnerが単語カードを使った学習法「ライトナーシステム」を提案しました。これは単語カードと箱を使った学習システムです。単語カードには、表に問題、裏に回答を書きます。箱は複数用意し、箱ごとに、たとえば1日、3日、7日、1ヵ月、などと徐々に長くなる復習間隔を設定します[22]。

新しく作った単語カードは、まず一番テスト間隔の短い箱に入れます。テストに正解したカードは、よりテスト間隔の長い箱に移します。間違え

注22　初期のライトナーシステムはサイズの異なる箱（1、2、5、8、14cm）を用意して、箱がいっぱいになると復習する、というしくみでした。

たカードは一番テスト間隔の短い箱に移します。これによって、よく間違えるカードは短い間隔で復習され、あまり間違えないカードは長い間隔で復習されるようになり、復習の間隔が自動調整されます。

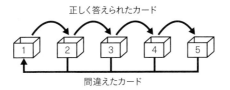

正解したものは復習間隔の長い箱へ、間違えたものは一番短い箱へ

　私はこれを試したことがあります。箱を用意することを面倒に思って、単語カードをリングに通したままでやったところ、カードをリングから外して入れ替える作業が予想以上に面倒でやる気がなくなってしまいました。読者の中には電子的にやりたいなと思う人も多いことでしょう。
　1987年にPiotr Wozniakによって、間隔反復法の最初のコンピュータ実装、SuperMemoが開発されました。最初のバージョンはMS-DOSで動くものでしたが、今では多くの実装があります。

問題のやさしさ

　SuperMemoの学習間隔決定アルゴリズムはSM-2アルゴリズム[注23]と呼ばれ、そのあとに開発されたソフトウェアに広く使われるようになりました。このアルゴリズムで導入された「やさしさ係数」の概念がおもしろいので紹介します。
　このアルゴリズムは、

- 新しいカードを学び、1日後にテストをする
- そのテストに正解すると、そのカードの学習間隔は6日になる。次は6日後にテストされる
- さらに正解したカードの学習間隔は、直前の学習間隔にやさしさ係数EFをかけたものになる

というものです。やさしさ係数EF（*easiness factor*）は初期値は2.5で、1.3〜

注23　https://www.supermemo.com/english/ol/sm2.htm

2.5の範囲で変わります。ユーザーは答えて正解を見たあと、簡単に答えられたのか、難しく感じたのかをフィードバックし、それによってEFが増減するようになっています。正解できなかった場合はEFは変化せず、学習間隔が1日に戻ります。

やさしい問題については2.5倍ずつ間隔が広がるので、復習間隔は大雑把に言えば、6日、15日、5週間、3ヵ月、8ヵ月、1年半、4年、と広がっていきます。7回正解すると次に出題されるのは4年後なのです。

知識を構造化する20のルール

SuperMemoの作者Piotr Wozniakは、1999年に「知識を構造化する20のルール」という文章を公開しました。私はこの文章を見て、過去の自分はカードに書く問題の作り方が間違っていたことに気付きました。ここで一部抜粋して解説します[注24]。

20のルールの中で、私が一番大事だと思うのは「ルール4：最小情報原則にこだわる」で、問題を可能な限りシンプルにしよう、というものです。シンプルなものは覚えやすく、学習スケジュールの調整も有効に働きやすいです。たとえば「一部だけ覚えていた」が起きると、その覚えていた部分も含めて短い間隔で復習することになります。「だいたい覚えていたのだが微妙に違った」が起きると、それを正解にしてよいのか、不正解にして復習すべきか悩むことになります。こういうことが起こる問題は十分にシンプルではありません。

具体例を見てみましょう。たとえばベネルクス三国について、こんな問題カードを作るかもしれません。これは悪い例です。

- 表：ベネルクス三国とは何か
- 裏：ベルギー、オランダ、ルクセンブルグ。備考：ベネルクスとはベルギー、ネーデルランド（オランダ）、ルクセンブルグの頭をつなげたもの

たとえば同じ内容を4つのシンプルな問題に分割してみましょう。

- 1表：ベネルクス三国はベ[ ]、ネーデルランド、ルクセンブルグ
- 1裏：ベルギー

注24　本当は全部解説したいのですが、原文が22ページあるのでそれだけで1章分になってしまいます。
　　　原文：https://www.supermemo.com/en/articles/20rules

- 2表：ベネルクス三国はベルギー、ネ[ ]、ルクセンブルグ
- 2裏：ネーデルランド
- 3表：ベネルクス三国はベルギー、ネーデルランド、ルク[ ]
- 3裏：ルクセンブルグ
- 4表：ネーデルランドとは[ ]のこと
- 4裏：オランダ

　ベルギー、オランダ、ルクセンブルグ、という3つのものを順不同で答えさせる代わりに「ベルギー、オランダ、ルクセンブルグ」という並びを固定し、その3つそれぞれの穴埋め問題にしました。この作問では「ルール9：順序の定まらない集合を覚えようとするな」「ルール10：複数のものの並びを覚えようとするな」「ルール5：穴埋め問題は覚えやすく効率的」を使っています。

　こういう問題の作り方は、リングに通した単語カードでは使えませんでした。問題の出題順が固定されていると、1枚目のカードで2枚目3枚目の答えがわかってしまうからです。ですが、ソフトウェアが出題順序をシャッフルする場合は、どの問題が最初に出てくるのかが復習のたびに変わるので問題ありません。3つの国のうち覚えにくいものがあればそこだけがより頻繁に繰り返され、効率良く記憶が鍛えられます[25]。

　また「ルール6：画像を使おう」を使って、この単語カードにベネルクス3国の地図画像を貼るのも良い選択肢です。

Anki

　2006年にDamien ElmesによってAnki[26]が開発されます。このソフトウェアは2010年に、アメリカのクイズ番組Jeopardy!の優勝者Roger Craigが使っていたソフトウェアとして有名になりました[27]。

　Ankiは、学習フェーズと復習フェーズを分けています。新しく追加された問題は、1回正解し、その10分後にまた正解した場合に学習済みになります。2回のどちらかで間違えた場合は、1分後にまた出題されます。学習

注25　あとで紹介する学習ソフトAnkiでは、1つの文章に穴埋め箇所を複数個所指定することで複数枚のカードを作ることができ、しかもそれらのカードが同じ日に出題されないように調整されます。

注26　https://apps.ankiweb.net/

注27　1日に7万7,000ドルの賞金を得る最高記録をたたきだしました。

済みになったカードは1日後に出題され、それ以降はやさしさ係数（初期値は2.5）の倍率で間隔が広がります。

　このしくみは、10分未満の隙間時間で細切れに勉強する場合にとてもよく機能します。たとえばテレビ番組を見ていてCMの間に勉強するとしましょう。正解したカードは10分後まで出題されないので、次のCMまで間隔を空けることになります。間隔を空けて少し忘れてから再度テストすることで、より効率良く記憶が鍛えられるわけです。

難易度の自動調節

　人はよく、自分の能力を過大評価します。自分の能力を過大評価して問題の難易度を高くしすぎると、全然正解できません。全然正解できないテストは苦痛ですし、全問正解するまでにすごく時間がかかります。そしてやる気がなくなります。

　難しすぎる問題を繰り返すのは苦痛ですし、簡単すぎる問題を繰り返すのは退屈です。やる気を維持して楽しく学んでいくためには、難易度が適切である必要があります。心理学者Mihaly Csikszentmihalyiは、スキルに対してチャレンジが大きいと不安になり、チャレンジが少ないと退屈になり、適度なチャレンジのときに高い集中力を発揮する精神状態（フロー状態）になると提唱しました。

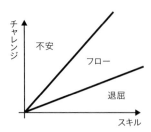

Csikszentmihalyiのフロー理論

　間隔反復法を使うと、簡単な問題はどんどん復習間隔が広がって出現頻度が下がります。なので簡単すぎることは気にしなくても大丈夫です。

　一方、問題は難しすぎることには注意が必要です。私が紙のカードで初めて間隔反復法を試したとき、まさにこの失敗をしました。まず難易度別の単語リストを眺めて、知っている単語のほとんど含まれていない難易度のリス

トを選びました。しかもabc順に並んでいる単語を、そのままの順番で単語カードにしました。その結果、abhor：忌み嫌う、abhorrent：嫌悪を催させる、abject：絶望的な、adjunct：補佐役、といった見た目が似た単語で記憶が混乱し、別の単語の意味を答えてしまうミスが頻発しました。

よく間違える問題は高頻度で出題されます。その結果、毎日なかなか正解できない問題に苦労するようになり、やる気がなくなり、やめてしまいました。

これに対してAnkiの作者Damien Elmesが出した解決策が自動保留です。復習で8回不正解だったカードは自動的に保留され、学習対象から外れます。つまりやさしいカードが出現しなくなるだけでなく、難しすぎるカードも自動的に出現しなくなるわけです。

作ったカードが出題されなくなることにためらいを感じる人もいるでしょう。カードは消えるわけではなく、いつでも編集したり保留を解除したりできます。Damien Elmesは、自動保留のカードには以下の3通りの対処からどれかをやるようにと説明しました。

- 複数のカードが干渉しているなら、片方を確実に覚えるまでもう片方を放置する
- 本当に覚える価値のあることか考え、価値がないなら削除する
- より答えやすくなるように編集する

知識を構造化する20のルールの「ルール11：干渉を見つけて取り除く」と同じコンセプトですね。干渉している可能性の高いカードを自動的に見つけて、学習リストから取り除いているわけです[注28]。

教材は自分で作る

間隔反復法の問題カードは自分で作るのがお勧めです。たとえば、SuperMemoの作者Piotr Wozniakは、SuperMemo上で文章を読みながら徐々に抜き書きを作っていって、それから穴埋め問題に変換する、というアプローチ（*Incremental Reading*）を提案しました。詳しくは第4章

注28　Ankiはほかにも、1日に出題する新しいカードが20枚、復習するカードが100枚、と制限されている点が良いところです。これは第2章で見た、量によるタスクの分割の具体例になっています。無制限に勉強するのはゴールが見えてやる気を維持しにくいですが、枚数が制限されたことで30分〜1時間程度で完了する、ゴールの見えるタスクになるわけです。

Column

知識を構造化する残り15のルール

「知識を構造化する20のルール」のうち、本文で紹介できなかった残りの
ルールについて駆け足で紹介します。

「ルール1：理解できないことを学ぼうとしてはいけない」：たとえばド
イツ語がわからないのに、ドイツ語で書かれた歴史の教科書を暗記しよう
としてはいけません。かかる時間が膨大で、得られた知識は役に立たない
からです。

「ルール2：暗記する前に学ぼう」：個別の知識を暗記する前に、知識の
全体像を学びましょう。全体像は不完全で大雑把なものでかまいません。
完全で詳細なものより、シンプルなもののほうが覚えやすいからです。そ
れが記憶できたあとで、徐々に詳細化すればよいのです。

「ルール3：基礎から積み上げる」：基礎的なことがらについては、よく
わかっているつもりでも、あえて問題にしましょう。もし本当によくわか
っているなら、すぐに復習間隔が広がるので実害はありません。わかって
いないのにわかったつもりになっていた場合の被害のほうが大きいので、
安全側に倒しましょう。これはルール2と強く関連しています。

「ルール11：干渉を見つけて取り除く」：時に、複数のカードが干渉しあ
ってお互いの記憶を妨げることがあります。たとえばadaptとadoptのよ
うなよく似た英単語を同時に覚えようとすると、混乱してテストのたびに
もう片方の単語の意味を答えてしまったりします。そういうときには、カ
ードを改善するか、単に取り除くかします。単に取り除くのでは、その単
語が覚えられなくなってしまう、と思うかもしれません。でも、取り除か
なければどちらも覚えられないのです。二兎を追う者は一兎をも得ず、と
いうことわざがありますね。改善策を思い付かないなら、取り除くのが手
軽な手です[注1]。

残りのルールは、ここではタイトルだけ紹介して詳しく解説しません。
「ルール7：記憶術を使おう」「ルール8：画像穴埋めもいいぞ」「ルール12：
言い回しを最適化しよう」「ルール13：ほかの記憶と関連付けよう」「ルール
14：個人の体験や具体例とからめよう」「ルール15：感情とからめよう」「ル
ール16：文脈のヒントを利用して言い回しを簡潔にしよう」「ルール17：
記憶カードが冗長であることは最小情報原則に矛盾しない」「ルール18：出
典を示せ」「ルール19：日付を記録せよ」「ルール20：優先順位付けをせよ」

注1　改善方法の例として、adaptとadoptの区別に関しては、コンピュータの電源に使う「AC
　　 adapter」のことや、adoptのoptがoptionのoptであることをからめる手があります。

「Incremental Reading」（139ページ）で読書の形の一つとして紹介します。

■——作る過程で理解が深まる

　知識を構造化する20のルールの「ルール1：理解できないことを学ぼうとしてはいけない」にも関係することですが、覚える前にまず理解をすることが大事です。第1章で紹介したピラミッドのたとえ話を思い出してください。本を読んで情報を収集しただけでは、それは地面に平たく並べられているだけです。集めた情報を積み上げてピラミッドを作る作業が必要です。

　心理学者のCraikとTulvingは、単語の記憶と、その単語に対して行った処理の深さの関係について実験を行いました[注29]。処理の深さは4段階あり、各単語についてそのいずれかをしました。1段階目は、たとえばTABLEという単語に対して「これは大文字で書かれているか？」という質問に答える「形の処理」です。2段階目は、crateという単語に対して「これはweightと韻を踏むか？」という質問に答える「音の処理」です。3段階目は、sharkという単語に対して「これは魚の一種か？」という質問に答える「分類の処理」です。4段階目は、friendという単語に対して「"He met a ___ in the street."という文にはまるか？」という質問に答える「文の処理」です。

　単語についてこの質問のいずれかをしたあと、単語をどの程度覚えているかをテストしたところ、形の処理をした単語は18％しか覚えていなかったのに対し、音の処理は78％、分類の処理は93％、文の処理は96％も覚えていました。つまり認知的に高度な作業をしたほうが記憶にとどまるわけです。

　教科書を読んで、覚えるべき内容を見つけ出し、それを可能な限りシンプルな問題にするという作業は認知的に高度です。問題を作る作業を面倒に思って、どこかからダウンロードしたり、機械的に生成したりできないか、と考えるかもしれません。しかし、それは認知的に高度な作業をして記憶にとどめるチャンスを、みすみす手放していることになります。

■——個人的な情報を利用できる

　自分で問題カードを作ることには、自分の個人的な情報を使えるメリットもあります。

注29　Craik, F. I. and Tulving, E. (1975). "Depth of processing and the retention of words in episodic memory". *Journal of experimental Psychology: General*, 104(3), 268.

たとえば私は中学の音楽の授業で、合唱曲として「帰れソレントへ」を習いました。意味もわからず「♪ビデオマレ〜」と歌わされたわけです。この歌詞はイタリア語[注30]で、ビデ（vide）は「見る」という意味の単語です。語源が共通な英単語としてはビデオ（video）とかビジュアル（visual）があります。マレ（mare）は「海」という意味で、英単語では「海の」を意味するマリン（marine）があります。

私にとっては「♪ビデオマレ〜」は旋律もセットで鮮明に思い出せる記憶なのですが、大部分の読者にはピンとこないでしょう。こういう個人的な情報を使えるのが、学習教材を自作するメリットです。知識を構造化する20のルールには「ルール13：ほかの記憶と関連付けよう」「ルール14：個人の体験や具体例とからめよう」「ルール15：感情とからめよう」がありました。自分の記憶・体験・感情と関連付けることで、新しい記憶を覚えやすくなるのです。

■── 著作権と私的使用のための複製

読者のみなさんが、たとえば好きなアニメがあるなら、そのキャラクターのセリフやエピソードを使って新しい知識を覚えるのは有効な手段です。しかし、アニメのセリフはそのアニメを作った会社が著作権を持っています。ある会社がアニメのセリフを使った英語の例文集を作ろうと思ったら、著作権者のアニメを作った会社に許諾を得なければいけません。よほど人気のアニメでもない限り、企画が成立しにくいです。

しかし、読者のみなさんが自分で自分のために作る場合は話が別です。日本の著作権法は、個人的に使用することを目的とするときは、使用する者が複製をすることができる、と定めています[注31]。

つまり、みなさんが自分が使って覚えるための教材に、自分の好きなアニメの画像などを複製することは合法です。一方、それを販売したり、インターネット上でダウンロードできるようにしたりすることは違法です。ということは、そういうものを、他人が作って無償で配ってくれる可能性はとても低いということです。自分で作るしかありません。

注30　正確にはナポリ語です。

注31　著作権法 第2章 著作者の権利 第3節 権利の内容 第5款 著作権の制限 第30条 私的使用のための複製「著作権の目的となつている著作物（中略）は、個人的に又は家庭内その他これに準ずる限られた範囲内において使用すること（中略）を目的とするときは、次に掲げる場合を除き、その使用する者が複製することができる。」

まとめ

　本章では、記憶について学びました。ラットが場所を記憶するために使っている海馬という部位が、人間が長期記憶を作る際にも使われています。脳の記憶のしくみは、コンピュータでファイルを保存するのとは違い、筋肉のトレーニングのように繰り返すことが必要です。

　繰り返しは大事ですが、単に繰り返し読むのではなく、テストをしたほうが良いです。テストをすると主観的には自信がなくなりますが、客観的な成果は高くなります。コンピュータを使ってテストの繰り返し間隔や出題の難易度を自動的に調節するしくみが実現されてきています。このようなしくみを利用することを前提とした教材はまだ多くありません。20のルールを参考に自分で作ることが、記憶を強化するために有用でしょう。

　次の章では、覚えることの一歩手前、読むことについて考えていきます。

第 **4** 章

効率的に読むには

第1章では学びのサイクルについて、第2章ではそのサイクルを回す原動力について、そして第3章ではサイクルを回すことによって得られた知識が、どうやってあなたの中に定着していくかについて学びました。本章では、知識があなたの中に入ってくるプロセスを掘り下げてみましょう。

いろいろな人の悩み事を聞くと、読むべき本や資料がたくさんあって、どう対処したらよいか困っていることが多いです。その問題を解決するための方法が「速読」ではないか？ もっと速く読むことができればよいのではないか？ と考える人も多いです。私もそう考えて、いろいろな方法を試してみました。

速読術にはある程度、有益で再利用可能な技術が含まれています。しかし、昔の私のように速読術を学ぼうとする人の多くが、過度の期待を抱いています。期待をあおる売り手がいることも原因かと思います。本章を読むことで、みなさんは期待の下方修正を迫られて「がっかり」するかもしれません。しかし現実を正しく認識することが、今後の改善のための大前提だと私は考えています。

「読む」とは何か？

あなたが、山積みの資料を「読まなければいけない」としましょう。そして「読む」という作業の効率を改善したいと考えているとしましょう。その「読む」は、どのような種類の「読む」なのでしょうか？

音読も「読む」の一種ですが、あなたが求めている「読む作業の効率化」は「早口で音読すること」ではないですよね？「読む」とはどういう行為であるのかを明確にしないまま、それを効率化することはできません。なので、まずは「読む」とは何かを掘り下げます。

本を読むことの目的

まずは読むことの目的を3つに分けます。娯楽、情報を見つけること、理解を組み立てること、の3つです。

■ ── 娯楽はスコープ外

　読書の効率化の話をするときに、「小説を速読してもつまらない」などの意見を聞くことがあります。小説を読むことは、小説の調査が仕事でもない限り、娯楽です。娯楽はそれをやっている時間を楽しむことが目的ですから、効率化すべき対象ではありません。この本では、娯楽の読書はスコープ外とします。

■ ── 情報を得ることが目的か？

　娯楽でない読書の場合、本を読むことの目的は新しい情報を手に入れることだ、と思う人も多いでしょう。情報を得ることについて深く考えてみましょう。

　人間は自分の経験した情報から抽象化を重ねて、脳内にモデルを築き上げています。他人の脳内のモデルを直接自分の脳内に入れられると楽なのですが、それはできません。

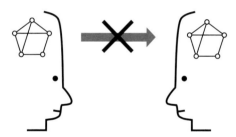

脳内のモデルを直接伝えることはできない

　これは、人間というハードウェアにそれが可能な通信手段がないからです[注1]。

■ ── 情報伝達の歴史

　人類は進化の過程で、「口から音を出して他人に情報を伝える」という通信手段を手に入れました。言葉の発明です。口から出した音はすぐに消えてしまいます。そこで、長期間保存するために文字を作り、書物を作りました。これによって人類は世代を超えて知識を蓄積できるようになりました。しかし書物は、人間が書き写すことで複製していたので、高コストでした。

注1　厳密には、少なくとも今の人間には、と限定すべきですね。将来的に人間の入出力が拡張される可能性は否定できませんから。

1445年に大量に複製する方法が発明され、書物の価格が下がり、多くの人が書物を所有できるようになりました[注2]。その後、コピー機やインターネットなどの発明によって、情報の作成・複製・輸送・保管のコストが下がりました。コストが下がったことによって情報をとても入手しやすくなり、手に入る情報の量が増えました。その結果、昔の人類が体験したことのないような膨大な量の情報に日々触れるようになりました。

■── 一次元の情報を脳内で組み立てる

情報の量が増えたにもかかわらず、ほとんどの知識表現は単語を一次元的に並べたものです。口から音を出していた時代と変わりません。口から出た音を耳から聞くのと同じように、本に書かれた文字を一つずつインプットして、自分の脳内で組み立てなおしています。

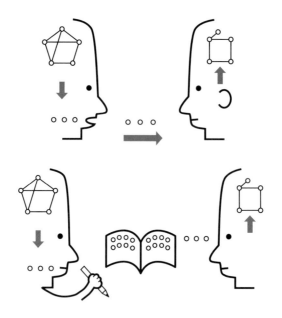

脳内のモデルを単語に分解して伝達し、それを受け手が自分で組み立てなおす

注2　Johannes Gutenberg（グーテンベルク）の活版印刷です。

インターネット上を流れるデジタルデータは、紙の書籍に比べて表現力が高いです。たとえば印刷コストの関係で紙の書籍の図はカラーでないことも多いですが、デジタルデータではカラーどころか動画にもできます。紙の地図と、人間の操作によって拡大縮小し周囲の風景の写真まで見ることができるデジタルの地図とを比較してみると、表現力の違いは歴然としています。

長期的に見れば、人類が知識を表現する形式も、周辺デバイスの表現力の進歩に伴って変化していくはずです。みなさんはその過渡期にいます。まだ、100年前と大して変わらない活字的形式の文献[注3]も読む反面、大量のデジタルデータの中から関心事に関係のありそうな記事を検索で見つけ、その記事からハイパーリンクをたどって周辺の知識を収集する、という100年前にはなかった読み方もしています。

■──本の内容だけが理解を組み立てる材料ではない

さて、このように外部から入ってきた情報を自分の中で組み立てるとき、入ってきた情報だけが材料ではありません。たとえば、自分の経験したことが、本の説明を見てカチッとはまった体験をしたことがある人は多いでしょう。本の中に書かれた情報を、その本の著者の脳内のモデルどおりに組み立てるのではないのです[注4]。そうではなく、本の中に書かれた情報をきっかけに、自分の個人的な経験も交えて、自分の個人的なモデルを組み立てるのです。

読書とはどういうものかと考えたとき、「情報を見つける」というイメージが持たれがちです。つまり、単なるインプットです。しかし、本から得た材料と自分の経験などを組み合わせて構造化していく「理解を組み立てる」イメージのことを忘れてはいけないと私は考えています。

■──「見つける」と「組み立てる」のグラデーション

有用な情報を「見つける」ことと、情報をもとに理解を「組み立てる」こと、この2つは分けて考えることはできません。見つけること主体の読み方から、組み立てること主体の読み方まで、連続的なグラデーションになっています。どちらが良いというものではなく、自分のやりたいことや、書籍

注3　残念なことにこの本自体も、文字がずらずらと並んでいる古いフォーマットのコンテンツです。
注4　著者の脳内のモデルは観測不可能なので、同じように組み立てられているかどうかは検証不可能です。

の質・内容によってあなたが主体的に選択すべきことです。

イギリスの哲学者Francis Baconは、本を食べ物にたとえて、ちょっと味見するだけでよいもの、丸飲みすればよいもの、そして、よく噛んで消化すべきものが少しだけある、という趣旨のことを言いました[注5]。あなたが読もうとしている本は、味見するだけでよい本か、よく噛むべき本か、どちらでしょうか？

「読む」の種類と速度

世の中にはいろいろな速度の読み方があります。読む対象によっても速度は変わります。たとえばみなさんでも、SNS[注6]を気軽に眺めているときの速度と、難しい専門書を読んでいるときの速度は違うことでしょう。画面か紙か、内容の難しさ、内容に対する前提知識の量、読む目的、著者との相性など、いろいろな影響であなたが文章を読む速度は変化します。

あなたの普段の読む速度は？

あなたは普段どの程度の速度で文章を読んでいますか？

何かを改善したいと思うなら、まず現状の把握が必要です。読む速度を改善したいと思うのであれば、まず、現状どのくらいの速度で読んでいるのかを計測することが必要です。そうしなければ、改善したのかどうかがわかりません。

もしまったく計測したことがないのであれば、ぜひ一度計測してみましょう。本を実際に読んでいるときには本を読むことに集中しているので、自分の感覚はあまりあてになりません。きちんとストップウォッチを使い、

注5　"Some books are to be tasted, others to be swallowed, and some few to be chewed and digested: that is, some books are to be read only in parts, others to be read, but not curiously, and some few to be read wholly, and with diligence and attention."
Francis Bacon. (1625). "Of Studies".

注6　Social Networking Service。2018年現在、TwitterやFacebookなどのタイムラインをイメージしていますが、10年後にこの本を読む人には何のことだかわからないかもしれませんね。大勢の人が短い文章を書いて、それを一覧で見ることができるものだと思えばよいでしょう。

読み方や読む対象の本によってどの程度異なっているのか計測して観察してみましょう。

「速読」という言葉につられて、とにかく速く読みたいと思う人がいるかもしれません。しかし、現実的な目標設定をしないと意味がありません。ジョギングにたとえるなら、今まったく運動していない人が「健康のためにこれから毎日1km走るぞ」という目標設定をするのは無茶です。自分が1km走るのにどれくらいの時間がかかるのか、走るのに適当でない天気の日がどれくらいあるのか、今の自分の体力ではどれくらい翌日に影響するのか、などを計測しないで計画を立ててもうまくいきません。

読む速度のピラミッド

方法による読む速度の違いを、ピラミッド状の模式図にしてみました。

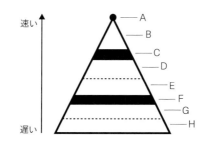

※初出:「読む技術」を俯瞰する - 西尾泰和のはてなダイアリー
http://d.hatena.ne.jp/nishiohirokazu/20150201/1422772239

読む速度のピラミッド

縦軸が読む速度です。上に行くほど速い読み方になります。ピラミッドの各層の横幅は、その読み方で使われる時間です。読み方が速いほど使う時間は少なくなります。本章では、このピラミッドの上から下までを解説します。速読という言葉は、速く読むこと、ピラミッドを登ることに価値があると思わせがちですが、自分がどの高さにいるのかを把握し、登るべきか降りるべきか考えられるようになることが大事です。

読む速度を考えるうえで良い基準になるのが、「声に出して読む」音読の速度です。図ではFに該当します。音読の速度は、日本語では1分で300文字程度と言われています。訓練を積んだアナウンサーの聞き取りやすい音

読がおよそこの速度です。聞き取りやすさを気にせずに早口で読めばもう少し速くなるでしょうが、おおよそこのあたりが人間の喉の性能限界だと考えてよいでしょう。1分で300文字読む場合、本が1ページ900文字だとすると、1ページで3分かかります。1冊300ページなら、15時間かかる計算になります。

　もう一つの良い基準が、人間の視覚の限界速度です。「読書の速度のピラミッド」の図ではCに相当します。人間の目には残像効果があり、50msec〜100msecよりも速い点滅は知覚できません。ランプが点滅していても、連続点灯しているように見えてしまいます[注7]。この速度は人間の目の性能限界だと考えてよいでしょう。1ページ100msecで読むと、1秒に10ページ、1冊30秒ということになります。

　物理的な紙の本を読む場合は、ページをめくる手の動作もボトルネックになるでしょう。紙の本を1秒に2回めくるなら見開き2ページが0.5秒なので、1秒で4ページ、1冊は75秒となります。私は手の動作のボトルネックを解消するとどうなるかが気になり、書籍をスキャンして電子化し、高速にページめくりができる自作のソフトウェアで速読の実験をしたことがあります。秒間1ページ、2ページ、4ページ、8ページ……と速度を変えてどこまでの速度で何がわかるかを試したところ、秒間16ページになると、地の文章はほぼ読めなくなります。「1行目の冒頭10文字ぐらい」にフォーカスして注目している状態で、何ページかに1回、単語が飛び込んでくる、というぐらいの印象です。一方で見出しや図は目に飛び込んで来やすいです。

　あなたが難しくない本を読んでいるとき、その速度は喉の限界速度である1冊15時間から目の限界速度である1冊30秒の間のどこかに入るかと思います。

ボトルネックはどこ？

　会話や音読をするときには、人間の喉の性能限界がボトルネックです。

注7　一方で、一つの単語を25msecだけ提示する実験では、30〜60％程度読みとれるという結果もあります。表示時間が短くて知覚できないのではなく、立て続けに視覚刺激が入ってきたときに区別できなくなるわけです。

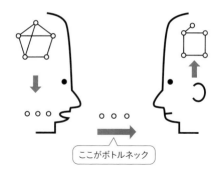

会話や音読は喉の性能限界がボトルネック

　本を読むときにはどこがボトルネックでしょうか？紙の本を読むときには、人間の手のページめくりの性能限界がボトルネックでしょうか。電子化して高速にページめくりができるようにすると、人間の目の性能限界がボトルネックでしょうか。

　これらのハードウェア上のボトルネックが速度に影響している場合には、ボトルネックの解消は読む速度の改善に有益です。たとえば、読む速度が遅い人の中には、無意識に声帯を動かして「静かな音読」をしている人がいます。そういう人は、喉を使わない読み方を習得することで文章を読む速度が格段に上がります。目や手の動かし方も、それがボトルネックになっているのであれば、改善の余地があるでしょう。

　しかし、この本の読者の大部分は、そこがボトルネックではありません。たとえページや文字の大きさ、文字の密集度を同じにそろえたとしても、気軽な雑誌を読んでいるときの速度と、難しい専門書を読んでいるときの速度には差がありますよね？ その差は何が原因でしょうか？

　喉や眼球、手などのハードウェアにとっては両者は同じもので、違うのは内容の難しさだけです。もしここで読む速度に差が出る場合、読む速度のボトルネックはあなたの頭の理解速度です。つまり、情報を取り込むところではなく、それを組み立てていくところがボトルネックなのです。

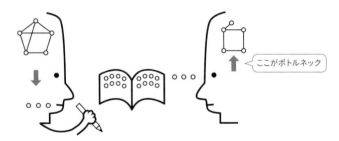

情報の組み立てがボトルネック

　TwitterなどのSNSで断片化された文章を気軽に眺めているとき、コンテンツは短い断片になっていて断片の間にはあまり関係がないので、「組み立てる時間」がかかっていません。これを読むときの速度が、「組み立てる」をしない場合の速度です[注8]。

速読の苦しみ

　すでに「静かな音読」からは抜け出せている人が速読に挑戦して、苦しみを感じるケースについて考えてみます。
　理解の速度がボトルネックになっている場合、単位時間あたりの情報入力量を増やしても、単位時間あたりの理解の量は増えません。

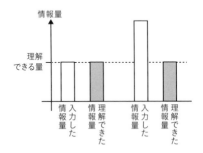

情報入力量を増やしても、理解の量は増えない

注8　ページをめくるペースを1秒2回に保つとか、数を数えながら読むことで読み進めるペースを一定にするとか、「リラックス」と唱えるとかを提案する速読術もあります。しかし、それらはみな脳に追加のタスクを与えて読書と並行して実行させ、脳のパフォーマンスを落とします。なので、組み立てる速度、理解の速度がボトルネックになっている場合には、それらはすべて逆効果です。少なくとも無意識にできるところまで訓練する必要があります。

図の左側では、単位時間に理解できる量と、単位時間に入力した量が同じです。もっとたくさん理解しようと思って入力速度を2倍にしたのが右側です。入力される情報の量は2倍に増えました。しかし、理解できた情報の量は変わりません。その結果、入力した情報の50％程度しか理解できていません。こういう状態になると、主観的には「頑張って速読したけど、全然理解できている気がしない」という残念な気持ちになります。

　私もこの状態に陥り、苦しみを感じました。この苦しみはどこから来るのでしょう？　この苦しみは、自己像と現実の不一致から生まれています。まず「自分は普段読んでいる速度の3倍の速度で読んでも理解度を保てる」という誤った自己像があるわけです。実際に3倍の速度で読むと、理解度が3分の1になります。この不都合な現実と誤った自己像が不一致を起こします。この不一致がストレスや苦しみを生みます。

■── 続けられるペースを把握する

　苦しいことを続けるのは難しいです。なので、まずは苦しみから解放される必要があります。そのためには「自分の認知能力ではこの速度が限界だ」という現実を認める必要があります。

　マラソンにたとえてみましょう。自分の継続的に走ることができるペースを把握せずに走っていると、途中で疲れてペースが落ちてしまいます。自分のペースを把握し、そのペースを保つことが大事です。そのペースが遅く感じても、ペースを守ったほうが結果的には長く走ることができます。そして、長く走ることによって徐々に体力がつき、ペースが上がっていくのです。

読まない

　読書のピラミッドの、人間の目の限界よりも上の部分について考えてみます。

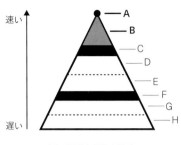

目の限界を超える速度

　ピラミッドの頂点Aは、一番極端な読書法「読まない」です。読まなければ時間は一切かかりません。その代わりに何も得られません。

　その極端のちょっと手前Bについて解説している本が、文学教授のPierre Bayardが書いた『読んでいない本について堂々と語る方法』[注9]です。Pierreは、3つの規範「読むべき本が存在する」「本を読む以上は通読するべきである」「本Xについて語るなら本Xを読んでいる必要がある」のそれぞれについて、それが本当に正しいのかどうかを議論しています。

　Pierreの議論の中で興味深いのは、「読んだ」と「読んでいない」を明確に区別することはできるのかどうか、という問いです。彼は「読んでいない」を4つに分類しています。

❶ぜんぜん読んだことのない本
❷人から内容を聞いたことのある本
❸ざっと読んだことのある本
❹読んだことはあるが忘れてしまった本

　どんなに読書家でも、この世に存在する本をすべて読むことはできません。人生の時間は有限で、どんな本を読むときでも、それは「その時間を使えば読むことのできたほかの本を読まない」という取捨選択です。この取捨選択のための情報はどうやって手に入れるのでしょう。

■──── 読まずに知識を手に入れる

　ある著者の本Xを読むかどうか決める前に、まず歴史の文脈の中でのその本Xの位置付けを知ることができます。たとえば哲学者Immanuel Kant

---

注9　Pierre Bayard著、大浦康介訳『読んでいない本について堂々と語る方法』筑摩書房、2008年

（カント）の『純粋理性批判』は、数学者Gottfried Wilhelm Leibniz（ライプニッツ）などが、神が正しいことを前提として理性の正しさを論じたことに対し批判的な立場を取った西洋哲学史の重大な転換点となる書籍です。そこから100年ほど経って、哲学者Friedrich Wilhelm Nietzsche（ニーチェ）が『悦ばしき知識』で「神は死んだ」と言うきっかけになった……という話はまったく本の中身を読まなくても知ることができます。これが「ぜんぜん読んだことのない本」です[注10]。

　次に人に内容を聞くことができます。自分の身近にいる、その分野に詳しい人に聞くのでもよいですし、今の時代なら検索して書評を探すのもこれに相当するでしょう。それで大まかな内容を知ることができます。

　いよいよその本を読んだほうがよさそうだと思っても、しっかり読む前に、まずざっと読むことができます。ざっと読んでしっかり読む必要性を感じなければ、そこで読むのをやめることができます。読める以上の本を「しっかり読まなければならない」と考えてストレスを溜めるよりは、より現実的な目標設定です[注11]。

1ページ2秒以下の「見つける」読み方

　読書のピラミッドをもう一度見てみましょう。ここまでで2本の基準線C、Fと、Cより上の「読まない読み方」について説明しました。残りの部分は、Fより上の「速い読み方」と下の「遅い読み方」とに分かれます。「見つける」と「組み立てる」のグラデーションで考えると、速い読み方は見つけるほうに重点があります。この見つける読み方を学ぶうえで既存の速読術が参考になるので、2つの速読術を紹介します。

注10　私もこの2冊はざっとしか読んでいません。

注11　なお、私がこの本で内容に言及している本は4回読んでいます。少なくとも1回、企画の段階で「あの本に言及しよう」と思い付ける程度に読んでいて、原稿執筆前に言及したい内容がどのページにあるか把握できる程度に2回目を読み、言及する箇所をじっくり3回目に読んで、読みながら原稿を書くと過剰に詳細になるので本を閉じて原稿を書いて、最後に確認のために4回目を読んでいます。しかし、しっかり通読することだけを読んだとするなら0〜1回しか読んでいないことになります。

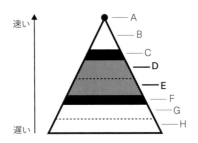

見つけることに重点のある速い読み方

　まず紹介するのは、Paul R. Scheeleの『あなたもいままでの10倍速く本が読める』[注12]です。日本語のタイトルでは「10倍」を強調していますが、原著のタイトルは "The PhotoReading Whole Mind System" です。図ではDに相当するイメージです。

　この本にはおもしろいことに、この本自体を3通りのレベルで読む方法が書かれています。各段落に重要度別に3種類のマークが書かれており、それを利用することで3通りの読み方をします。その方法は以下のとおりです。

- レベル1（25分）
    - 本全体に目を通して、目次、各章の見出し、小見出しをチェックする
    - もう一度本全体に目を通しながらマーク1を探してそこだけを読む
- レベル2（＋30分）
    - もう一度本全体に目を通しながらマーク2を探してそこだけを読む
- レベル3（＋45〜90分）
    - もう一度本全体に目を通し、見出し、小見出しをチェックしながら、マーク3を探してそこだけを読む

　この本はおよそ250ページです。これを、25分、55分、145分、で読むので、それぞれ概算で1分10ページ、1分5ページ、1分2ページ、となります。音読では1分で3分の1ページなので、それに比べればたしかに6〜30倍以上速いです。

　一方で、250ページの一般書なら普通に読んでも145分かからないよ、と思う人もいるでしょう。私がここでこの本を紹介するのは、「10倍速く読

注12　Paul R. Scheele著、神田昌典監修、井上久美訳『[新版]あなたもいままでの10倍速く本が読める』フォレスト出版、2009年

める」という主張に賛成する意図ではありません。この本は、ほかの多くの速読本と共通のコンセプトである「準備の大事さ」「段階的詳細化」「繰り返し読むこと」について語っていて、それらのコンセプトを紹介することがとても有用なのです。

Whole Mind System

Whole Mind System は、5つのステップから構成されている、と Paul Scheele は解説しています。しかし、私はステップ4を分割したほうがわかりやすいと思います。また、後述する5日間での実践コースでは、各要素が順番ではなく段階的に導入されます。そこで、この節では私の理解に基づいて8つの構成要素に分解し、再構築して解説します。

■——❶準備

「準備」で行うことは、目的の明確化とリラックスです。目的の明確化は本書のここまでにも何度も出てきたコンセプトですね。

■——❷プレビュー

これは本書第1章で解説した、「まずは大雑把に全体像を把握」と同じコンセプトです。いきなり詳細に読むのではなく、まずは全体像をつかもうというわけです。

この要素は、さらに「調査」と「キーワード探し」の2つに分かれています。「調査」では、表紙や裏表紙、目次などから情報収集をします。「キーワード探し」は、本を20ページごとに開いて、目に付いたキーワードをメモします。

プレビューにかける時間は1冊で5分程度です。この大雑把な情報収集を経たあと、この本を本当に読むべきか、❶で設定した目的を修正するかどうかを自問自答します。

■——❸フォトリーディング

Whole Mind System の最も特徴的な部分が、このフォトリーディングです。フォトリーディングでは目のフォーカスをぼかして、ページ全体を眺めます。見開きを1〜2秒で読むので、300ページの本で3〜5分になります。

Paul Scheele は、読めた気はしないが、脳にはちゃんと取り込まれている、と主張しています。この主張は、本書の内容で最も賛否が分かれると

ころでしょう。私も一時期この読み方を試しましたが、効果が感じられないため今は使っていません。もしこれが効果を生むとしたら、声を出さずに音読の速度で読む癖が付いてしまっている人に、もっと速い読み方を体験させ訓練させることによって、癖から抜け出すきっかけを作ることによるのではないかと考えています。

■───❹質問を作る

Paul Scheeleのもともとの解説では、ステップ4は「アクティベーション」でした。このステップの中で彼は、「具体的な質問を作る」「熟成させる」「答えを探す」「マインドマップを作る」の4つに言及しています。私はこれを分けて解説することにします。

まず、具体的な質問を作ることについて説明します。本の内容についての、具体的な質問文を作ります。たとえば「アクティベーションって、具体的に何をするんだ？」などです。当初なんとなく「情報収集しよう」だった読書の目的を、「アクティベーションとは具体的に何をすることか確認する」という具体的な目的にしていく作業です。

本を読む前に、目的を明確化することが大事だ、とよく主張されます。しかし、目的を明確化するにも情報が必要です。あまり詳しくない分野の本を読んで情報収集をしようと思っているときに、「どういう情報を集めることが目的か」を詳細に明確にできるわけがありません。そこで、まず目的を具体的にしていくための情報を集めて、事後的に目的を詳細化していくわけです。

具体的な質問を作るために、再度5〜15分程度、本を読みます。彼はこれをポストビューと呼んでいます。文章を大きな塊ごとにざっと見て、必要そうだと思ったところを2〜3文だけつまみ食いする読み方です。

質問の答えを探すのかと思いがちですが、彼は「まだ答えを見つけようとしてはいけない」と言っています。ここでは質問の答えを探すのではなく、質問を作ることに集中します。

■───❺熟成させる

少なくとも10〜20分、可能なら一晩時間を置きます。

■───❻答えを探す

熟成が済んだら、あらためて本を読みます。今回も❹のポストビューと同じように、ざっくり読んでつまみ食いをします。今回は、質問の答えを

見つけることが目的です。

■──❼マインドマップを作る

学んだことをノートに書きます。このとき、彼は教育コンサルタントのTony Buzanが提唱したマインドマップを使うことを進めています。マインドマップについてここで詳しい説明はしませんが、きっちりかっちりしたノートを書くのではなく、思い付いた単語をツリー状にどんどん書いていく、というものです。

■──❽高速リーディング

自分が適切だと思う速度で、止まらずに最初から最後まで一気に読みます。これは「読む」という言葉で多くの人がイメージする「通読」をやるものです。「本は通読しなければならない」と思っている人は、通読をしないと本を読んだ気がしないので、その気持ちに応えるために通読をするわけです。「読む」とは通読のことだと考える立場からすれば、Whole Mind Systemは読む前にとてもたくさんの準備をする手法だと感じられるでしょう。

■──5日間トレーニング

Whole Mind Systemの構成要素を学びました。前半は、目的の明確化と、大雑把な情報収集でした。これは第1章で似たコンセプトを学びましたね。後半は「具体的な質問」を用意して文章を繰り返し読む活動で、これは第3章で学んだテストが記憶を強化する効果と関連します。一晩寝かせることも、第3章で学んだ間隔を空けることによって記憶を強化する方法に関連しそうです。

さて、それではWhole Mind Systemでは、この構成要素をどう組み合わせるのでしょうか。彼が考案した5日間のトレーニングプログラムでは、1冊の本を5日に渡って繰り返し読みます。各種の「目を通すこと」を1回読んだとカウントするなら、通算で10回読みます。そして全体では、2時間強の時間を使います[注13]。なのでこのトレーニングは、多くの人にとっては1冊を読むのにかかる時間が短くなるものではありません。1冊を1回通読するのではなく、10回目を通すことを繰り返す、読み方の質の変化を体験す

注13　この本の「10倍速く読む」という主張は、2時間強の時間で10回読むことを指しているのかもしれませんね。

るトレーニングだと言えるでしょう。

5日間のトレーニングは下記の手順で行われます。煩雑になるので省きましたが、毎日の最初に「❶準備」が付いています。また毎日の最後には、翌日まで一晩寝かせることによって「❺熟成させる」が付いています[注14]。

- ・1日目
  - ・❸フォトリーディング
- ・2日目
  - ・❷プレビュー
  - ・❸フォトリーディング
  - ・❹キーワードと質問文を書き出しながらポストビュー
- ・3日目
  - ・❸フォトリーディング
  - ・❻答えを探す(理解しているかどうか気にしないこと)
  - ・キーワードに目を通して、選択が正しかったかどうか考える
- ・4日目
  - ・❸フォトリーディング
  - ・❻答えを探す
  - ・キーワードに目を通して、質問文を追加する
- ・5日目
  - ・❸フォトリーディング
  - ・❻目次を見て、もっと知りたい章を確認し、答えを探す
  - ・❽具体的な質問がないがもっと知りたい、という場合は高速リーディングをする
  - ・❼マインドマップを作る

速読術の一つの事例として、Whole Mind Systemについて詳しく見てみましたが、どう感じましたか? 多くの人は「本を読む」という作業を「1回通読する」イメージでとらえていて、速読はそれが速くなる方法だと誤解しています。しかしWhole Mind Systemは、1回ゆっくり通読する代わりに、速くて大雑把な読み方を何度も重ねていく方法です。

フォーカス・リーディング

比較して抽象化を促すために、もう一つ別の速読術について調べてみまし

注14　時間の目安として、2日目の❷は2分以内、❹は15〜20分、3日目の❻は30分以内、5日目の❼は10分程度、とされています。

よう。『フォーカス・リーディング』[注15]の著者の寺田昌嗣は、物理的な体の使い方[注16]から考え方まで広い範囲のテーマに言及しています。この本のおもしろいところは、速読に対して経営学的な視点を持ち込んでいるところです。

たとえば、物理的な雑貨を製造販売するビジネスを考えてみましょう。このビジネスは、材料を仕入れ、その材料を加工して商品を作り、その商品を顧客に売り込む、という一連の流れで価値を生みます。商品を売るためには、材料を仕入れる必要があります。でも、材料を仕入れただけでは価値を生みません。仕入れ→加工→販売、の3ステップをこなすことが大事なわけです。同じように、情報を脳にインプットする速度を上げ、大量の情報を収集したとしても、それだけでは価値を生みません。この「仕入れ・加工・販売」は、第1章で解説した学びのサイクルを構成する3要素「情報収集・モデル化・検証」と、関連が深そうです。

寺田昌嗣は、読書の価値を「本の著者の力」×「あなたの経験値」×「あなたのビジネス力」という3つの力の積だと考え、それを読書に費やした時間で割ったものが読書の投資対効果だ、としています。読書の価値は本だけによって決まるのではない、という考え方です。この「あなたの経験値」には、「本から有用な情報を取り出す情報収集力」と「あなたが今までにした経験」と「自分の経験と本から収集した情報をもとにモデルを組み立てる力」が含まれているように思います。また「あなたのビジネス力」には「顧客からの情報収集力」と「経験と情報をもとに顧客のニーズを理解するためのモデルを組み立てる力」と「顧客のニーズを満たしそうなものを作り、顧客に見せて理解を検証すること」が含まれているように思います[注17]。

■──── 速度を計測しコントロールする

Whole Mind Systemと比べると、フォーカス・リーディングは計測を重視します。読んだ本のページ数、かかった時間、主観的な理解度を記録することで自分の理解力を把握し、得たい理解度に合わせて入力の速度をコントロールすることを目指します。読む速度のピラミッドでは、やさしい

注15　寺田昌嗣著『フォーカス・リーディング──「1冊10分」のスピードで、10倍の効果を出す いいとこどり読書術』PHP研究所、2008年

注16　たとえば日本語の書籍は縦書きだが眼球は上下移動より左右移動のほうが得意なので、縦書き書籍は傾けることによって上下方向の距離を圧縮する、などの提案をしています。

注17　ものづくりを自分がする場合、その「顧客のニーズを満たしそうなもの」を作ることができるかどうかの検証も含まれますし、「これなら作れるはずだ」と思い付くためには事前に技術知識を学んでモデルができている必要があります。

本ならD、難しめの本ならEとなりますが、速度を先に決めるのではなく、得たい理解度に合わせてコントロールします。

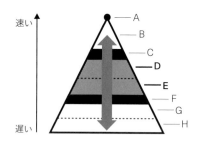

フォーカス・リーディングは速度をコントロールする

　理解力がボトルネックになっている人にとって、重要なのは速く読むことではありません。速く読みすぎると得たい理解度に達しません。遅く読むと理解度は高くなりますが、遅すぎると単位時間に読める範囲が狭くなります。フォーカス・リーディングでは、最適な速度にコントロールすることで、ストレスなく最高のパフォーマンスを得ようと考えます。

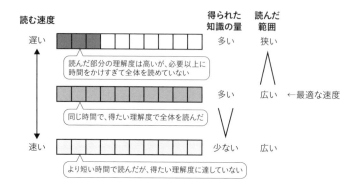

読む速度と範囲と知識の量の関係

　速く読みすぎて理解度が足りなければもう一度読めばよいですが、遅く読みすぎて時間を浪費すると取り戻しようがないので、適切なバランスがわからなければ速い側に倒すとよいでしょう。Whole Mind Systemが高速に何度も繰り返して読むのは、この考え方だと言えるでしょう。
　一方で不慣れな内容について読んだときに、内容が全然頭に入ってこな

くて困ることがあります。不慣れな内容だから普段よりもゆっくり読まないといけないのに、ついつい普段のスピードで目を動かしてしまって、理解が追いつかなくなっているのです。こういう場合には、意図的に速度を落とすことが有用です。第1章で紹介した「写経」はこの方法の一つですし、あえて音読するという方法もあります。「1ページ3分以上の「組み立てる」読み方」（126ページ）から、難しい本をじっくり時間をかけて読む方法について解説します。

見出しなどへの注目

どちらの速読術でも触れられているのが、見出しへの注目です。寺田昌嗣は章タイトルや見出しを「先行オーガナイザ」と呼びました。本文の説明に先立って現れ、これから語られる内容のキーワードを示すことで、オーガナイズ（組織化、組み立て）を支援するからです。そういう大事なものだから、速読中に先行オーガナイザが現れたら、ペースを落としてしっかりと拾うわけです。

第1章で学んだソースコードの読み方では、フォルダ階層、ファイル名、関数名などに注目して情報収集をしましたね。よく似ています。

Whole Mind Systemでは、読みはじめる前の調査段階で、目次や見出しに注目するように解説しています。詳しく紹介すると、本の表紙と裏表紙、目次、書かれた日付、索引、最初と最後のページ、見出し、小見出し、太字の部分、傍点の付いている部分、囲まれている部分、図、表、その説明、概要、要約、章末の設問に注目するようにと解説しています。

目次や見出しに注目することには、書籍の著者という立場から私も賛成です。というのも、本文よりも見出しのほうがコストがかかっているからです。見出しには「階層の深さはこれで正しいのか」「内容とマッチしているか」「目次を読んだときにストーリーがわかるか」などの視点から、何度も調整が入っています。高いコストをかけて整備されている情報ですから、知識の地図を手に入れるうえで有用な確率が高いです。

しかし、あくまで確率が高いだけです。著者の執筆スタイルや編集者の編集方針によっては、見出しの構造化や整合性チェックをしないこともあるようです。そのような本では、見出しに奇をてらった表現や、おもしろいつもりのジョーク、過大な宣伝文句が入っていることもあります。

書籍のタイトルやサブタイトルは、私は信用していません。商業上の理

由で、内容の適切な要約になっていないことがよくあるからです。特に翻訳本の原題と邦題を比較すると、どうしてこう変えたのだろうと不思議に思うことがあります。

図は注目に値します。図を作ることは文章を書くことよりもコストがかかります。つまり図で表現されているものは、著者が「手間をかけてでも伝えるべき重要なことだ」と考えていた可能性が高いです。もしくは、言葉で表現することが難しく、何とか表現しようとした結果として図になったのかもしれません[注18]。

私は、箇条書きも注目に値すると思っています。地の文章は単語が一次元的に並んでいて構造を失っていますが、箇条書きはツリー構造を保っています。目次と同様に、著者の脳内の構造がツリー構造で表現されているわけです。

私の著書に限った話になりますが、脚注とコラムは、初回に読むときにはすべて読み飛ばしてもよいと思っています。なぜなら、本文で解説しているストーリーに関連して言及したい情報でありながら、本文に入れるとストーリーが「曲がりくねった道」になってしまうと思ったときに「こちらに道がつながっていますが、今回は通りません」というイメージで脚注やコラムにくくり出しているからです。一方で、繰り返し読むときにはぜひ読んでいただけるとありがたいです。削るほうが楽なのになぜコラムや脚注にして入れているのかというと、それに言及することに価値があると私は思うからなのです。

注18　一方で、図解やわかりやすさを売りにしている本の場合は、特に図解する必要のないものを無理やり図解していることもあります。

Column

時間軸方向の読み方

ソースコードの読み方と書籍の読み方には、フォルダ階層や目次に注目するところに共通点があることを学びました。

一方で、ソースコードが書籍と大きく違うところは、切り口の違う読み方がもう2つあるところです。ステップ実行して実行の流れを追う「実行時間」方向の読み方と、コミットログを追うことで、どう作られてきたかを追う「作成時間」方向の読み方です。

ソースコードの読み方を書籍に引き戻して考えてみましょう。作成時間方向の読み方は、同じ著者が似たテーマについて繰り返し書いているときに、その考え方の変遷を読むことに相当するでしょう。これは高コストですが、何が時間が経っても変わらず、何が一時の思い付きなのかがわかります[注1]。

書籍に書かれた内容を、金科玉条、変えてはいけないルールのようにとらえてしまう人もいるのではないかと思います。知的生産術の本を「書いてあるとおりに実行せねば」と考えて、自分の状況に合うかどうか考えずに「サンプルコードの丸写し」のようなことをしてしまったりします。

しかし、書籍には一人の人間が執筆時点で一番正しいと思ったことが書かれているだけです。昔の人の、青年期の著作と晩年の著作を読み比べたりすると、意外と内容が変わっていたりします[注2]。ならば今年発売された本の著者は、30年後には違うことを考えている可能性が高いことでしょう。

中学校などで教科書の内容を普遍的に正しいものとして教育しがちなのが原因か、「本に書かれたことは正しい」という誤ったメンタルモデルを持っている人が多いように思います。しかし、その教科書ですら、昔の歴史について新たな証拠が発見されて解釈が変わったり、近い歴史に関して周辺の国と解釈が異なっていて議論が起きたりします。普遍的な正しさは数学などの一部の分野を除いては成立し得ないのです。

注1　実行時間方向に読むことは、書籍の何に相当するでしょうか？ 私は答えを持っていません。
注2　具体的には、哲学者 Ludwig Wittgenstein(ウィトゲンシュタイン)の前期と後期の差をイメージしています。

1ページ3分以上の「組み立てる」読み方

さて、読書のピラミッドをもう一度見てみましょう。

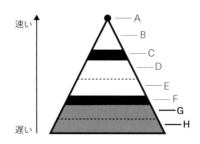

組み立てることに重点のある遅い読み方

Fより上の「速い読み方」について学んだので、今度は下の「遅い読み方」について学びましょう。「見つける」と「組み立てる」のグラデーションで考えると、遅い読み方は組み立てるほうに重点があります。

速い見つける読み方が、網で川をすくうような作業であったのに対して、遅い組み立てる読み方は、レンガを一つ一つ積み上げて塔を作るような作業です。具体的な読み方として、哲学書と数学書の読み方を参考にしてみましょう。

哲学書の読み方

まず紹介するのが、フェリス女学院大学文学部教授の高田明典の『難解な本を読む技術』[注19]です。この本は哲学書などの難しい本を、読書ノートを作りながら2回読むやり方を解説しています。

1冊に20時間かけることを一つの目安にしており、1冊300ページとするなら1ページ4分という計算になります。これは音読の1ページ3分よりも遅い読み方です。とはいえ2回読んでノートを取るので、本を目で追う速度は音読よりも速くなることでしょう。読む速度のピラミッドではGに相当します。

注19　高田明典著『難解な本を読む技術』光文社、2009年

この方法論では、まずはその本がどういう本であるのかを理解することに時間をかけます。

■―― 開いている本・閉じている本

まず、開いている本と閉じている本の違いが紹介されています。開いている本は、読者が自分で考えることを期待して、著者が自分の意見を言っていない本です。閉じている本は、著者が自分の結論を持っており、そこへ向けて論を進める本です[20]。

世の中の多くの本が閉じているのに対して、哲学書には開いている本が比較的たくさんあります。本書『エンジニアの知的生産術』は、私が「情報収集・モデル化・応用」のサイクルなどいくつかの結論を持っていて、それを構築していっているという点では「閉じている本」です。しかし、その私の結論の1つが「具体的にどういう方法でやるかは読者の置かれた状況によって決まるので、読者は自分でそれを構築しなければならない」なので、具体的な方法論に関してはかなり「開いている本」の立場をとっています。

■―― 外部参照が必要な本

著者が想定している知識を読者が持っているかどうかも、本の読み方に大きな影響を与えます。本書『エンジニアの知的生産術』では、ほかの本で導入された概念に言及する際、その本を読まなくても理解できるようにその本の内容を解説しています。一方でソフトウェアエンジニアリングに関するごく基本的な内容については解説をしていません。

『ワーク・シフト』[21]の著者Lynda Gratton は、Wikipedia などの「知識を提供するサービス」が現れると、そういうサービスが提供する知識は誰でも手軽に入手できるので、その知識を知っていることの価値が暴落すると考えました。そして、そういうサービスが提供しないような知識を持たなければ市場で生き残れなくなると考えました。

私は情報提供サービスが現れることで、著者が「こんなことは紙面を割いて解説しなくてもインターネットで検索すればすぐにわかることだな」と考え、読者に期待する知識の水準が上がると考えています。

注20　哲学者 Umberto Eco の「開かれ」の概念らしいですが、著者は読んでいません。
　　　Umberto Eco著、篠原資明／和田忠彦訳『開かれた作品』青土社、2002年

注21　Lynda Gratton 著、池村千秋訳『ワーク・シフト――孤独と貧困から自由になる働き方の未来図〈2025〉』
　　　プレジデント社、2012年

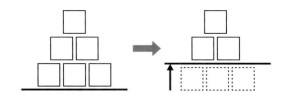

知識を提供するサービスの登場で、著者が想定する読者の知識レベルが上がる

　この本を書いている2017年現在、Wikipediaの記事の質は日本語版と英語版で大きな差があります。もしこの影響で英語圏の著者が書く本の想定知識水準が上がると、日本人がその翻訳書を読んだ場合の理解にかかるコストが高くなってしまいます。日本人が英語のWikipediaで基礎的なことを学ぶ必要に迫られるのか、機械翻訳が差を埋めるのか、どちらになるかは私にはわかりません。

■——登山型の本とハイキング型の本

　論の進め方について、登山型の本とハイキング型の本、という切り口もあります。

　登山型は、概念を積み上げていくタイプの本です。手前をおろそかにするとあとで困ります。ハイキング型は、いろいろな概念を次々と述べていくタイプの本です。

　高田明典は、ハイキング型の読書は山の頂上に到達することが目的ではなく景色を楽しむことが主眼だ、というたとえ話をしています。たとえば本章では、いくつもの読書法を並べて紹介しています。これは、それらを見比べることで理解が進むことを期待しています。「景色を楽しむ」はこれに近いものだと解釈しています。

1冊に40時間かけて読む

　高田明典は、一般の小説なら300ページの本が2時間程度で読める人を仮定して、以下のような時間配分を想定しています。

- 予備調査と選書に3時間
- 通読に4時間
- 詳細読みに10時間

また、初めてならここで教える方法論自体への習熟コストもかかるので、40時間かかることを覚悟するべきだと述べています。かなり高コストなので、それだけの時間をかけてでも読むべき本を見つけるために、予備調査にも時間をかけます。

■── 棚を見る

本を選ぶ方法として、「棚見」という方法論を紹介しています。

❶分野の棚の本を全部見る(気になるものがあれば目次を見る)
❷上記❶を繰り返す(可能なら複数の書店で)
❸分野の全体像をスケッチしてみる

興味深いのは、具体的な1冊の本を読み始める前に「棚」という本の集合体に対して、かなり時間をかけて「見る」作業をしているところです。また著者は、「私たちの多くは中学校の教育などでやさしいほうから難しいほうへ順番に学ぶ学び方に慣れてしまっているが、ここではやさしい本ではなく、自分の興味のある本を選ぶべき」と主張しています。これはモチベーションの維持のためです。

■── 読書ノートに書きながら読む

次に、選んだ本を実際に読み進める方法について見てみましょう。
まず著者は、「読みたいときに」「読みたいところから読む」の原則をしっかり守れと主張します[注22]。これはあとで説明する数学書の読み方とは対立する考え方です。
次に、読書ノートを用意します。全体の分量を1章10ページなどと先に決め、章の小見出しをノートに先に記入していきます。これは本章の「見出しなどへの注目」(123ページ)で、見出し・小見出しに注目したことに似ています。こちらでは単に注目するだけでなく、それを読書ノートに書き写すことでよりしっかりと扱おうとするわけです。
そして本を読み進めながら、この読書ノートに記入をしていきます[注23]。コツとしては、以下のようなものがあります。

注22　これは第1章で解説した「知りたいところから」の考え方と近いです。
注23　高田明典は、消せるように鉛筆を使うことをお勧めしています。

- わからないことは何でも記録する
- 何度も出現する単語を記録する
- 概念の間の関係や理由と結論の関係などを矢印でつなぐ

これを Whole Mind System と比較すると「わからないことを記録する」は「質問を作る」に相当し、「何度も出現する単語を記録する」は「キーワード探し」に相当します。

■── わからないことを解消するために読む

一度通読して読書ノートを作ったあとで、その2.5倍ほどの時間をかけて詳細に読んでいきます。このフェーズでは、1回目の通読で記録した「わからないこと」を一つ一つ解消していくことが目的です。新たなわからないことが出てくれば、それも記録します。そして、わかるまで繰り返し読み、わからなければ先に進みません。

高田明典は「わからない」の理由を4つに分類しています。

- 用語の理解が不十分
- 論理の筋道の理解が不十分
- 問題意識の理解が不十分
- 図解する必要がある

自分の「わからない」がどの「わからない」なのかを確認しながら、一つ一つ解消していくわけです[注24]。

数学書の読み方

数学者の河東泰之は、この「わからなければ先に進まない」をさらに徹底し、1回のゼミの準備に50時間かかるのは不思議ではないとしています[注25]。読む速度のピラミッドではHに相当します。

数学書は「登山型」の本が多いです。わからないものをそのまま放置して

注24 わからない理由として、本の説明が間違っている可能性もあるのでは？ という質問を受けました。間違っている本を理解することに40時間も使うのは大きな損失ですね。その確率を減らすために、棚をじっくり見たり、評判の良い本を調べたり、古典の名著を選んだり、と選択の段階にコストをかけているわけです。

注25 How to prepare for seminars
http://www.ms.u-tokyo.ac.jp/~yasuyuki/sem.htm

読み進めてはいけないという考え方は、筆者周辺の複数人の数学科出身者が口をそろえて賛同するので、数学科では一般的な考え方なのでしょう。

　私が、数学科出身で暗号理論の研究などをしている光成滋生にインタビューした際に、まさにここが話題になりました。新しいものを学ぶ方法として彼は「教科書を読むしかない」と答えたのですが、掘り下げてみると、この「読む」は日常会話における「読む」とはかなり質の違うものでした。一部引用します。

> 工学系と数学系の人の一番の違いは、1冊本を与えられて「ちゃんと読め」と言われたときにちゃんと読む訓練の量だと思うんです。「読む」といったら、一字一句読むわけです。何か分からないなら進まない。セミナーに行くと「説明してください」と言われる。そこで「これはこうです、こう書いてます」って言うと、先生に「本当ですか」って言われるんです。「本当だと思います」と言ったら「じゃあ、示してください」と言われる。全部自分の言葉で説明できなければいけない。「今日のセミナーは5時間やって1行しか進んでません」とかいうことが普通にあるわけです。それが2、3回続くとかだってあるはず。それに対しては先生は怒らない。分かってないのに分かるって言ったら怒る。プログラムのデバッグと一緒で「ここは絶対大丈夫」っていうのをちょびっとずつでも増やしていく感じ。
>
> ──「読む」といったら一字一句──エンジニア・光成 滋生(2) - サイボウズ式
> https://cybozushiki.cybozu.co.jp/articles/m000352.html

　一方で物理学科出身でLinuxカーネルの開発をしている小崎資広は、インタビューで「わからなくてもとにかく読み進めることが大事」と答えており、ここのギャップについて光成滋生に質問したところ、これは全体像を理解することと、定義を理解することの違いではないか、という話になりました。

> 物理の勉強法で「説明したいこと」があって、その説明のために多少のギャップに目をつぶりつつ、飛び石でポンポン進めて全体像を理解するのと、数学の勉強法で「定義」があって、なぜそうなったのか、もっといい定義はないのか、と考える訓練をするのでは全然方向性が違う。だから定義の理解にかける時間を飛ばしても意味がない。
>
> ──定義の理解にかける時間を飛ばしても意味がない──エンジニア・光成 滋生(3) - サイボウズ式
> https://cybozushiki.cybozu.co.jp/articles/m000353.html

数学の勉強においては、定義がわからないまま先に進むと厳密な議論ができなくなるので、一切わからないところがないように定義を理解することが求められます。全体像を理解することとはゴールの設定が異なるのだから、時間の使い方も異なるわけです。

■──── わかるの定義

数学者の「わかる」の定義は、日常会話での使われ方とは大きく異なっています。「わかる」というためには、「なぜそうなのか？」という質問に答えられることが求められます。その理由として、「本に書いてあるから」とか「先生がそう言うから」は認められません。自分の言葉でなぜそうなのかを説明できなければ、わかったことになりません。本が自分の知らない定理や定義を使っているなら、当然それも調べなければいけません。河東泰之の解説によれば、セミナーでメモやノートを見ることも禁止で、何も見ないで自分の言葉で説明できる状態を「わかる」と定義しているようです。

■──── わかることは必要か？

これはかなり時間のかかる、ハードルの高い読み方です。数学者を育成するための訓練としては必要なのでしょうが、ほかの状況でも常にこういう読み方をするべきだとは思いません。あなたが得たい目的のために、何を「わかる＝何も見ずに自分の言葉で説明できる」必要があるのか、そもそも何かを「わかる」必要があるのかどうかを考えましょう。

わかることが必要だったり、わかること自体が目的である場合は、逃げ道はありません。どんなに時間がかかろうが苦しかろうが、自分の力で説明できるまで、教科書を読み返したり、具体例を考えたり、ほかの資料を探したりを繰り返すしかありません。一方、わかることが必要でないなら「自分はなぜこうなのかがわからないが、この本にはそう書いてあるので信じよう」と割り切って先に進むことになります。どちらを選ぶかはあなたの目的しだいです。

ところでこの数学科の本の読み方は、本の内容が正しくない可能性や、本の選択が目的のために適切ではない場合には大きな時間のロスにつながるように思います。本の選択の重要度が高いわけです。

読むというタスクの設計

　さてここまでいろいろな読み方を紹介してきました。ここでは読むというタスクの設計について考えます。

　読むというタスクの完了条件は何でしょうか？ 理解は完了条件にできません。たとえば「この本を100％理解するぞ」といった目標を立ててしまうことがあるかもしれませんが、これは適切な完了条件の設定ではありません。なぜなら「この本に書かれていること」の総量をあなたは知らないので、自力で「100％理解したかどうか」を判定できないからです。

　さらに有用性の観点から考えると、この書籍の内容が全部頭に入ったとしても、それは大した価値ではありません。その内容を「覚えておく」ということに関しては、あなたの頭で覚えるよりも書籍自体のほうが正確です。一昔前であればコンピュータによる検索技術がなかったので、人間の頭による検索が価値を生むこともありました。しかしその領域はどんどんコンピュータに置き換えられ、覚えておくこととやすばやく思い出すことで生身の人間が価値を生み出すことは難しくなっていきます[注26]。

　哲学者のArthur Schopenhauer（ショーペンハウアー）は、読書を先生が書いてくれた習字のお手本をなぞるようなものだとたとえました[注27]。読書をしている間、頭の中は他人の思想が駆け巡っているだけで、自分自身では考えていません。なので、読書ばかりをしていると考える力が衰えて愚かになる、と考えました。

理解は不確実タスク

　「理解する」は努力をしても確実に達成できるとは限らない完了条件設定です。このようなタスク設計をすると、理解できなかったときに苦しくなり、モチベーションを損ねます。「理解できる」という暗黙の前提が間違っているのです。「理解できないかもしれない」と前提しておいて、その前提

注26　私は紙の本をどんどん裁断・スキャンして電子化し、OCRして、横断検索可能にしています。覚えるよりも検索できるようにしたほうが効率的なのです。

注27　Arthur Schopenhauer著、鈴木芳子訳『読書について』光文社、2013年

が間違っていたときにうれしい誤算だと喜ぶほうがよいのです[注28]。

この種の不確実タスクを測る方法としては、挑戦の量で測る手があります。たとえば、あるテーマについてレポートを書かなければいけないとしましょう。「レポートを書くためにそのテーマについて理解する」ではなく「そのテーマについて書いてある本3冊に目を通す」と設定するなら、努力によって達成可能になります。かかる時間の見積りも容易になり、モチベーションを維持しやすくなります。冊数ではなく、時間で測る手もあります。「3冊をそれぞれ1ポモドーロずつ読む」と設定するなら、今から2時間以内に完了するわけです。

私のよくやるタスク設計は、時間を区切ってふせんに抜き書きを作る、というものです。時間が経てば確実に終わり、完了後には物理的な「抜き書きのふせん」が達成の証として手に入ります。このふせんは次章で説明するKJ法に使います。

読書は手段、目的は別

読書はそもそも手段であって、その手段の達成条件を考えるのはおかしい、という考え方もできます。「本を読まなきゃ」と考えるとき、無意識に手段の目的化が行われているわけです。本来の目的は読書とは別にあったのではないでしょうか？ 本当の目的を明確にしましょう。

目的を明確にするために、いくつかの類型について考えてみましょう。

■——大雑把な地図の入手

必要なときに読み返せるようにすることを、本を読む目的にする人がいます。その本のどこにどんな知識が入っているかを把握して、その知識が必要になったときに該当部分を読み返そうというわけです。

データベースでは、検索効率を上げるためにツリー構造のインデックスが作られます。書籍にも同じように検索を容易にするためのデータが付いています。それが目次と索引です。

読書と言うと一連の文章を頭から順に読むイメージを持ちがちですが、辞書やリファレンスのように必要なところだけ読むことを想定した文書も

注28 「情報を見つける」についても同じです。「見つかるはずだ」「見つけなければならない」と思って探して、見つからないと苦しくなります。「見つからないかもしれないけど、ちょっと探してみるか」という気持ちでいれば、見つからなくても苦しくなく、運良く見つかったらうれしいのです。

あります。この種のものを読むためには、必要なときに「読むべき場所」を見つけることが必要です。

この「見つける」知性の働きは検索エンジンが代替しつつありますが、まだ検索して見つかったものの質が低いケースも多々あります。質の判定や取捨選択が重要でしょう。こちらも集合知によって質が改善されるしくみが発展しつつある領域です[注29]。

大雑把な地図を獲得するためには、読むことが最適な手段ではないかもしれません。たとえば、書評サイトであらすじを読むとか、その本を読んだ人に食事をおごって代わりにかいつまんだ話を聞くとか、著者に直接話を聞くとかが考えられます。

■──── 結合を起こす

1冊の書籍の内容を抜き出すことではなく、本の内容とそのほかの知識との結合に価値があるケースがあります。

このシチュエーションでよく紹介されるのがSyntopic Readingです[注30]。syn-は「同じ」や「一緒に」という意味の接頭語[注31]で、同じトピックの複数の本を同時に読む読み方です。本書『エンジニアの知的生産術』で複数の本の内容を紹介しているのも、複数の本を読むのに似た状況を作り出していると言えます。

外山滋比古[注32]は『乱読のセレンディピティ』の中で、複数の本を乱雑にすばやく読むことによって予期しないつながりが発見する読み方を紹介しました。セレンディピティとは予想外のものを発見することです。

彼は『アイディアのレッスン』[注33]で、おもしろいたとえ話をしています。映画のフィルムは一枚一枚は静止画ですが、短い間隔で続けて表示すると切れ目がわからなくなり、ひとつらなりの動画になります。前の静止画の残像が消える前に次の静止画が表示されることによって、切れ目がなくな

注29　より良い質になるように編集されるWikipediaや、質問に対する回答の質の良さを第三者が投票するStack Overflowなどがあります。

注30　Paul R. Scheeleが『あなたもいままでの10倍速く本が読める』で提案しました。

注31　接頭辞syn-を使う単語としては、音が一緒でシンフォニー、気持ちが一緒でシンパシー、時間が一緒でシンクロニシティ、などがあります。

注32　とやましげひこ、言語学者、お茶の水女子大学名誉教授。『思考の整理学』(筑摩書房、1986年)が200万部を超えるロングセラーになりました。『知的創造のヒント』(筑摩書房、2008年)や『乱読のセレンディピティ──思いがけないことを発見するための読書術』(扶桑社、2014年)など、本書のテーマに関係のありそうな著書が多数あります。

注33　外山滋比古著『アイディアのレッスン』筑摩書房、2010年

るのです。言葉も同じように、心に残像を作り、残像が消える前に次の言葉が来ることで、ひとつらなりの文章として理解されるのではないか、ゆっくり読みすぎると逆に理解が妨げられるのではないか、と彼は指摘しました。この言葉が作り出す残像を、彼は「修辞的残像」と呼びました。残像が消える前に別の本を読むと、複数の本の間につながりを発見することが促されるのです[34]。

　結合は、複数の本の間にだけ起こるのではありません。たとえば今、あなたが何か解決すべき問題を抱えていて、解決策を探すためのキーワードもわからないとしましょう。そんなとき、本を読んで、初めて「これが求めていたものだ」と気付くことがあります。あなたの問題意識と本の中の知識が、予期せず結合して、問題解決という価値を生むのです。この結合については167ページのコラム「知識の整合性」も強く関係しています。

■──── 思考の道具を手に入れる

　みなさんは日々いろいろなことを経験しています。経験によってわかったことがいろいろあります。しかし、その「わかったこと」を表現する言葉を、まだ持っていないことが往々にしてあります。そういう名前の付いていない概念や考え方に、本を読むことによって名前が付くことがあります。

　たとえば私の妻は経営学大学院で議論をしているときに「ここまでは損だけど、ここからは得だ、というラインがあるはずだ」と考えたのですが、それを表現する言葉を知らず、もどかしい思いをしたそうです。後に、そのことを友達に説明したところ「ああ、それは『損益分岐点』だね」と言われ、新しい言葉を手に入れました。概念の名前がわかると、その概念の検索ができるので、関連知識を入手しやすくなります。

　こうやって言葉を手に入れると、その言葉を使って思考をすることができるようになります。つかみどころのないモヤモヤとした考えに「言葉」という「取っ手」が付き、その取っ手をつかんで操作できるようになるのです。不定形な水はそのままでは持ち運べませんが、容器に入れると持ち運びができるようになるイメージです。

　第1章で見た「デザインパターン」(35ページ)がまさにそうです。有能な

注34　『修辞的残像』(みすず書房、2000年)で紹介され、『アイディアのレッスン』や『乱読のセレンディピティ』でも言及されています。私は、第3章で解説した海馬に直前の文章の記憶が蓄えられ、それが残っている間にほかの文章が入ってくることが重要なのではないかと考えています。

プログラマーたちが、目的を果たすためにどういうプログラムを書けばよいかを試行錯誤していく中で、共通したパターンが現れます。そのパターンに名前を付けたものがデザインパターンです。名前が付くことで、人は「そこの設計にはメディエイターパターンを使えばよいんじゃないか？」などと会話をすることができるようになりますし、一人で考えているときにも頭の中で扱うことが容易になります。

本章で紹介した言葉を例にすると、「棚見」「Syntopic Reading」「修辞的残像」などはおもしろい概念に言葉の取っ手が付いたように思います。私の例だと、「見つける読み方と組み立てる読み方」や「全体像の把握と定義の理解」などは私が重要だと思う考え方に言語の取っ手を付けています注35。

第1章のコラム「パターンに名前を付けること」で、Douglas Carl Engelbart が言語を「人間の知能を増強する方法」の1つに挙げていることを紹介しました。外界の出来事を抽象化したモデルを作り、そのモデルに名前を付けることで、心の中でそのモデルを操作して考えることができるようになります。これが言語による知能の強化です。

みなさんはきっと、本を読んでいて「ああ、それ経験したことある！なるほど、そういう言葉で呼ぶのか！」と思ったことがあるでしょう。たとえば、本屋で本棚を眺めることは多くの人が経験しているはずです。本を読み、その行為に「棚見」という言葉が割り当てられているのを見ることで、あなたの経験と新しい言語とが結び付きます。そうすると、あまり意識せずに行っていたその行為を意識的に行いやすくなります。

あなたの中にあったもやもやと形のない経験が、本の内容による刺激で切り取られ梱包されて箱になり、言語という取っ手が付いて操作しやすくなったわけです。第1章の冒頭で箱を積むたとえ話をしましたね。こうやって箱ができ、積み上げていくことができるようになるわけです。

復習のための教材を作る

ここまでで読書の目的を3つ紹介しました。この節ではもう一つの目的を紹介します。それは復習のための教材を作ることです。

注35　他人の例は単語なのに、私の例では単語になっていないですね。自分でも意外でしたが、良い例が見つかりませんでした。私は造語しないで平易な言葉の組み合わせで説明していることが多いですね。これはおそらく、私がこの本を英訳するつもりだということも影響しているのでしょう。造語すると翻訳のときに困りますからね。

第3章で学んだように、記憶を定着させるためには間隔を空けて繰り返すことが大事です。逆に言えば、1回読んで読み返さなかった本の内容はほとんど覚えていないわけです。なので復習のための教材を作ることを考えてみましょう。

■──── レバレッジメモを作る

本を読んで有用そうな情報を見つけた人は何をするでしょうか？ ページの角を折ったり、線を引いたり、抜き書きを作ったりすることでしょう。経営コンサルタントの本田直之は著書『レバレッジ・リーディング』[注36]の中で、書籍の中で重要な部分を抜き出し、濃縮して「レバレッジメモ」を作るべきだ、と提唱しました。このレバレッジメモを繰り返し読んで、さらに濃縮していくわけです。これは復習のための教材を作っていることに相当します。

私はこのコンセプトに共感して、長年レバレッジメモを作ってきました。しかしこの方法にはデメリットもあります。

一つの問題点は、文脈から切り離されてしまうことです。文脈から切り離されたメモは、本を読んだ直後は周辺の知識も記憶に新しいので、メモした内容だけで十分わかると思い込んでいます。しかし、時間が経つと周辺の記憶を忘れてしまうので、あとから読み返したときに意味がわからないことがあります。なので、ソースを明示しておいて、わからなくなったときには戻れるようにする必要がありますが、それには手間がかかります。

もう一つの問題点は、量が増える一方であるということです。私がレバレッジメモを始めたばかりのときはA4の1枚の紙に収まっていて、プリントアウトを手帳に挟んでおいて暇なときに眺めることができました。しかし紙が8枚になった時点で、このやり方ではダメだなと考えなおしました。

こうして私は、レバレッジメモの読み返し用のWebサービスを作りました。本を読みはじめるときにその本の情報を登録しておけば、読んでいる最中にレバレッジメモを作る場合に、ワンタッチで書誌情報へのリンクが入るようにしたわけです。しかし、読み返しのしくみの設計で失敗し、読み返すことの苦痛によって使わなくなってしまいました。

このサービスでは、メモから不要な情報を取り除いてさらに短くすることを最も良いことだとしました。その次に良いことが、不足している情報

注36　本田直之著『レバレッジ・リーディング』東洋経済新報社、2006年

を加筆することとしました。単に複製するだけの行為は良くないものだとしました[注37]。こう設計することで、繰り返し読み返すうちにどんどん情報が濃縮され、質が改善するだろうと考えたわけです。

しかし、メモを読み返したときに濃縮もしくは加筆しなければならない設計にしたことで、特に編集するところが思い付かないメモが作業待ちのタスクとして溜まってしまいました。

また、抜き書きをしたときには価値があると思ったメモが、しばらく経って読み返すと価値がないように見える、ということも起こりました。しかし、そんな価値のなさそうなメモでも、削除することはもったいなく感じて踏み切れません。価値がなさそうに見えるメモが大量の作業待ちのタスクになり、うんざりしてしまいました。

次で紹介するIncremental Readingは、この私の失敗に対して、良い改善案になっているように思えます。

■──Incremental Reading

第3章で紹介したSuperMemoの作者Piotr Wozniakはおもしろい読書法を提唱しています。彼が提唱する読書法Incremental Readingは、抜き書きを作ることをさらに推し進めて、読書の形自体を変えるアプローチです。

Incremental Readingでは、間隔反復法のシステムを流用します。まずこのシステムに読もうと思った文章をインポートします。これをテキストと呼びます。テキストを読んで、抜き書きしたいなと思ったら、その範囲を選択してショートカットキーを押すだけで、新しいテキストができます。すべてのテキストは、間隔反復法のアルゴリズムに従って、徐々に長くなる間隔で提示されます。編集すると間隔が短くリセットされます。提示されたテキストは読んでもよいし読まなくてもよいです。また、読みはじめて途中で興味がなくなったら、いつでも投げ出してかまいません。

こういうしくみだと何が起こるでしょうか？読もうと思ってインポートしたテキストのうち、提示されたときに読む気が湧かなかったものや、読んでも抜き書きをする前に飽きたものは、次回提示されるまでの間隔が伸

注37　当時マイクロブログのTumblrが流行っていました。Tumblrは、ほかのWebサイトのコンテンツを一部選択してワンクリックすることで、手軽に抜き書きを作り自分のブログに投稿できる機能を持っていました。そこまではレバレッジメモ作りに良さそうだったのですが、このサービスはリブログという、他人の投稿を丸ごとコピーする機能を提供しており、当時の私はそれが良くないものだと思ったわけです。その後、TwitterのリツイートやFacebookのシェアという類似の機能が出てきたことで、ようやくこの機能が知識創造のためではなく情報伝搬のためのものだと理解しました。

びます。逆に、抜き書きしたものは短い間隔で提示されます。

明示的に捨てる決心をすることは心理的な負担が大きいです。価値が低そうだと思っても、ついつい残してしまいます。私の作ったシステムでは、その価値の低そうなものがずっと目立つところに残ってしまうしくみだったのが失敗でした。

Incremental Readingのシステムでは、価値が高いと判断しなかったテキストは、人間の明示的な操作なしに提示間隔が広がって、徐々に提示頻度が下がります。また、捨てているわけではないので、必要だと思ったら検索して見つけることができます。

こうやって繰り返し提示され抜き書きを作っていくことで、徐々に価値があると感じる情報の抜き書きが増えてきます。また、複数の情報源からの情報が混ぜ合わされてランダムな順番で提示されることで、知識との結合が促進されます。

私はIncremental Readingがとても有望な考え方だと思いますが、まだ発展途上です。たとえばこれ以上編集する必要がなくなった抜き書きをどうするのかという問題があります。Piotr Wozniakは、穴埋め問題に変換して普通の間隔反復法にしたらよいと主張していますが、私にはしっくりきません。たとえば、本章の冒頭ではFrancis Baconが読書について語った文章を紹介しました。ここを抜き書きしたとしましょう。このときに重要なのは、本の読み方はいろいろあり、本によってどの読み方が良いか変わる、という考え方です。Francis Baconが具体的にどう言ったのか覚えることは重要ではありません。こういうケースで穴埋め問題にするのはおかしいように思います。十分濃縮されたレバレッジメモや、編集する必要がなくなった抜き書きに対して何をすればよいのか、私はよくわかりません。

Incremental Readingの、価値の低いものが明示的な意思決定なしにフェードアウトするしくみはとても良いものです。このコンセプトが広く知られて、より良いツールや方法論の発明につながるとよいなと思っています。

■―― 人に教える

人に教えるための資料を作ることは、自分自身の記憶も強化します。パズルを解いたあと、そのパズルの解き方の解説を書くと、何もしない場合に比べてそのあとのテストの成績が有意に向上する、という実験がありま

す[注38]。実際に教えなくても、資料を作るだけで効果があります。

これを踏まえると、他人に教えるための資料を作ることを読書の目的とすることは有益そうです。人に教えるために作った資料は、あとから自分が読み返して復習することにも役立ちます。

また、インターネット上で資料を公開しておくと、たまにSNSなどで言及されて思い出すきっかけになります。社会的に需要の高いものほど高頻度で言及されるので、より高頻度で見なおされ、改善されていきます。

この本を書いたきっかけも、元をたどっていくと、講義資料をインターネット上で公開したところからでした。本を読んで何かを学んだら、それを人に教えるスライドやブログ記事などを作り、それを公開してみましょう。公開することで種をまき、フィードバックを受けて徐々に成長していって、時間をかけてあなたの中の理解が大きな木に育つ、という可能性に賭けてみるわけです。

まとめ

本章では、知識があなたの中に入ってくるプロセスを掘り下げました。特に文章を読むことにフォーカスし、「情報を見つけること」と「理解を組み立てること」のグラデーションを学びました。

知識があなたの中に入ってくるプロセスの中で本章で語らなかったこととして、他人と会話をすることや、何らかの実験を行うことが考えられます。これらの方法もとても有益です。会話には、読書と違って、疑問点を質問できるメリットがあります。実験には、読書や会話のように誰かが持っている知識を取り入れるのではなく、新しく知識を作り出す効果があります。

次章「考えをまとめるには」では、文章などから大量に情報が見つかったあと、どうやって考えをまとめていけばよいのかについて解説します。つまり情報が集まったあとの「理解を組み立てること」により一層フォーカス

注38 Di Stefano, G., Gino, F., Pisano, G. P., Staats, B. and Di-Stefano, G, "Learning by thinking: How reflection aids performance", Boston: Harvard Business School, 2014.

していきます。

　ここまで読んできた人ならば、私がいろいろなものを読んで大量の情報を見つけたあとで、それをまとめ上げてこの本を作っていることがわかるでしょう。私がこの本をまとめるプロセスで、いったいどういう手法を使っているのか、それを次章で解説します。

第 **5** 章

考えをまとめるには

本章では、「考えがまとまらない」という悩みをどうやって解決していくかについて考えます。レポートを書いたり発表資料を作ったりと、考えをまとめてアウトプットすることは知的生産のかなめです。

ところで、たくさんの情報を整理することと新しいアイデアを生み出すことは違うものだと思う方もいるかもしれません。しかし情報を整理することは自分の脳内にモデルを作る作業であり、知識を生み出す作業の一種として、アイデアを生み出すことに強く関係しています。

またアイデアを生み出す作業は、まず情報を収集し整理することから始まります。情報の整理とアイデアを生み出すことは、明確に切り分けられるものではなく連続的なグラデーションになっているのです。

本章では、たくさんの情報を収集しインプットしたあとの状態を想定して、それを自分の中で整理していくプロセスに軸足を置いて解説します。新しい知識を生み出す方法に関しては次章で語ります。この2つの章で、今までの章で語られてきたことが結合していきます。

情報が多すぎる？ 少なすぎる？

今、あなたが情報をまとめたレポートを書こうと思って机に座り、何を書いたらよいか悩んでいるとしましょう。

書くことができないのは、書くための材料になる情報が足りないのでしょうか？ それとも情報が多すぎて、整理しきれず、何から書いていけばよいかわからなくて混乱しているのでしょうか？ この2つはまったく逆の状態です。まずはこのどちらであるのかを切り分ける必要があります。

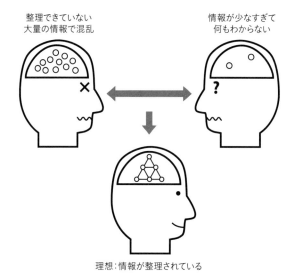

情報が多すぎる? 少なすぎる?

これを切り分けるのに有用な方法が「書き出し法」です。

書き出し法で情報量を確認

　自分の中にどの程度の量の情報があるかを確認するために、まずは5分間、レポートで言及するとよさそうな情報を思い付く限り書き出してみましょう。私は普段50mm×38mmのふせんに書いているので、ここ以降、情報を数える単位として枚を使います。

　書き出し法をしたあとで後述するKJ法をやるためには、書いたものが容易に移動できることが必要なので、ふせんを使うのが有用です。一方で、あなたが書き出し法を初めて体験するなら、「ふせんを買ってこなきゃ」と先延ばしにするのではなく、まずはあなたが一番使い慣れた方法を使いましょう。大きなノートに書いても、電子的な方法で書いてもよいです。

　整理のためにまず脳内の情報を全部書き出そうというコンセプトは、第2章で紹介したGTDにも共通しています。GTDでは、タスクに限定したりせず、気にかかっていることを全部書き出したのでした。こちらの書き出し法も、レポートに実際に書く文章ではなく、関係ありそうな情報を全部

書き出します[注1]。

■──── 質を求めてはいけない

　この段階では質を求めてはいけません。質の高いものだけを書こうとすると手が止まってしまいます。レポートに実際に書くかどうか気にせずに、書くかもしれないこと、書くことの助けになるかもしれないこと、書き出し法をやっている最中にふと思い出したことなどを全部書き出していきましょう。

　1枚に書く分量は、数単語〜1文程度でよいです。書くことに対する心の中のハードルを可能な限り下げましょう。何でも書いてよいのです[注2]。

　内容に関しては雑に書いてよいのですが、字はあとで自分が読める程度には丁寧に書きましょう。読めないのでは書いた意味がないですし、読むときに解読の負担がかかると、面倒になって読み返さなくなってしまいます。

■──── 実践してみよう

　さて、ここで本を置いて、実際に5分間書き出し法をやってみましょう。何か書かなければいけないレポートがあるならそれを、なければ「この本の内容を他人に伝えるとしたら何を伝えるか」というテーマでやりましょう。筆記用具とタイマーを用意して、タイマーを5分にセットし、タイマー開始ボタンを押して5分間テーマに集中してみてください。

　自分の中に十分な情報がある場合、どんどん書いているうちに5分が過ぎて、主観的にはとても短く感じます。一方、自分の中に情報が足りなければ、5分はとても長く感じます。何も出てこない状態でなんとかひねり出そうと、うんうんうなる羽目になるからです。

　私が行ったワークショップ[注3]で、参加者に書き出し法をしてもらったところ、一人一人が16分間で80〜100枚の書き出しをすることができました。なので平均して1分で5枚以上、1枚12秒以下のペースで書いたことになります。これをプレッシャーに感じず、ハイスコアを目指すゲームのような気持ちでプレイしてみてください。

注1　GTDの序盤の作業は、タスク管理に書き出し法を適用することだとも言えるでしょう。

注2　「1文以下にしなければならない」と誤解しないようにしましょう。ここで言っているのは「短く書け」ではなく、「なるべくハードルを下げよう」です。

注3　京都大学サマーデザインスクールで2013年と2014年に行ったワークショップです。自分の学び方をデザインするというテーマで、3日間で12時間を使って書き出し法をしてからKJ法での構造化をし、発表を行いました。

■──── 100枚を目標にしよう

レポートを書きはじめる前の下準備として、まず100枚書き出すことを目標に置くとよいです。5分で20枚書けたなら、大雑把な見積りとしては25分で100枚準備できる計算になります[注4]。

次のステップに進む前に、100枚前後のふせんを用意することが目安です。以降では、この段階で少なくとも50枚のふせんが作られたことを前提とし、それを整理する方法について説明します。

もし50枚すら用意できないのであれば、情報収集が足りていません。関連書籍を読むなどして、考える材料となる情報を収集しましょう[注5]。

■──── 100枚目標のメリット

この100枚書き出すことを目標にするアプローチには、2つの良いところがあります。

1つは、進捗が明確に計測できることです。「レポートを書かなきゃ」「発表資料を作らなきゃ」というタスク設計は、タスクがあいまいで進捗がわかりにくいので、やる気をなくしがちです。一方で「100枚書く」というタスク設計なら、30枚書けたら30%の進捗で、とてもわかりやすいです。また、書けば書くほど着実にゴールに向かって進んでいきます。ゴールにたどり着くために進むべき方向が明確で、迷子になりにくいわけです。

もう1つは、中断が容易なところです。あなたが忙しくて、まとまった時間を取ることが難しくても、この書き出し法は少しずつ進めることができます。100枚書き終わるまでずっと机の前に座っている必要はありません。実際に私はこの本を執筆する際に、駅まで歩いている最中に思い付いて1枚、電車の中で思い付いて7枚、エスカレータに乗っている間に3枚、と日々少しずつ書き出し法を進めました。手帳や胸ポケットに50mm × 38mmのふせんを入れていて、1枚1アイデアで書いています。

執筆やレポートの作成は、まとまった時間を取らなければ着手できない、と思い込んでしまっている人が多いです[注6]。しかし、少なくともこの書き出

注4　実際やってみると、自分の脳内の情報が少なくて、途中から中々出てこない状態になることもあるでしょう。逆に、書き出されたものを見ることで刺激され、書き出しが加速していくこともあります。この実験が自分の脳内を知る手掛かりになるわけです。

注5　これは第3章で紹介した「本を読んでから、その内容を思い出せる限り思い出そうとし、それからもう一度読むと理解の定着率が良い」と関連しています。一度思い出そうとしてから、情報のインプットに戻ると効率が良いわけです。

注6　「執筆は大きなタスクである」というメンタルモデルが原因で、やる気が損なわれ、先延ばしをしてしまうわけです。

し法フェーズは、細切れ時間で進めていくことができます[注7]。仮に大きな時間を確保できるとしても、何も準備されていない状態でゼロから書きはじめるより、事前に100件のアイデア断片が書き出されている状態からスタートしたほうが効率が良いでしょう。なのでまずは書き出し法から始めましょう。

■—— 重複は気にしない

　時間的に分散して書き出し法をやると同じことを何度も書いてしまうのではないか、と心配する方がいます。重複してもかまいません。むしろ、重複を避けようと考えてはいけません。「重複がないようにしよう」と考えると「過去のふせんを確認してからでないと新しいのを書けない」という状態になって、タスクが大きくなってしまいます。

　そもそも100枚書いたものをあとから整理したときに同じ内容が3枚あったとして、何か実害があるでしょうか？ 時間的に離れた自分が、それぞれのときに独立に「これは書くべきだ」と考えたのですから、自分はそれをとても重要だと感じていたことがわかります。重複は重要度の指標として有用なのです。

　まったく同じ内容での重複も有用ですが、似ていて微妙に違う内容の重複はさらに有用です。共通点は何か、違いは何か、と考えるきっかけになります。第2章でも説明したように、似ているが少し違うものの比較は、理解を組み立てる助けになります。

　具体例を挙げましょう。私が本章の執筆前に書いたふせんには「関係の強いものを近くに移動」と「関係のありそうなものを近くに移動」の2枚がありました。よく似ているが少し違います。

　この2枚を見つけた私は、この差は意味のある差なのか、それとも単なる表記揺れなのかを考えました。その結果、私は意味のある差だと結論付け[注8]、「関係の強いものを」ではなく「関係のありそうなものを」を採用するこ

注7　私の場合、書き出し法よりもかなりあと、レビュアーが読むことのできる文章の形に整形する段階では、休日に時間を確保してコワーキングスペースに来て一気に書いたりします。このフェーズも断片化できる方法があるのかもしれませんが、まだ発見できていません。

注8　関係があるかどうか、強いかどうかは、事前には知り得ません。最初は「なんだか関係がありそう」という気持ちから始まります。その後いろいろな情報が集まるにつれて、関係がありそうだという気持ちが徐々に強まります。そして、そのあとで根拠を見つけて、他人に「これは関係がある」と説明できる状態になります。信念はあやふやな状態で始まって、徐々に固まるのです。なので、最初から関係が強いことを要請するのは、最初から完成度が高い文章を書こうとするのと同じ種類の過ちです。

とにしました。

このほかにも、各ふせんのレベル感がそろっていなくてよいのか、という心配される方もいます[注9]。レベル感をそろえるなどのような1枚のふせんだけで判断できないことを気にすると、新しいものを書き出すときに過去に書き出したものを把握しなければならなくなります。それではタスクが大きくなって、心のハードルを高くしてしまいます。整理はあとからするので、ここで整っている必要はありません。ここでは整えようとせずに、どんどん書き出しましょう。

多すぎる情報をどうまとめるか

さて、50～100枚程度のふせんが準備できたしましょう。それができたということは「情報が多すぎる？ 少なすぎる？」という問いには「多すぎるのだ」という答えが出たということです。次は、この多すぎる情報をどうまとめるかを考えていきましょう。

並べて一覧性を高くする

まず、ふせんを机の上などに並べて一覧性を高くしましょう。

人間の作業記憶は限られています[注10]。なので頭の中だけで考えていると、思考の断片がどんどん消えてしまいます。だから書き出しました。書き出したことによって、思考の断片が消えなくなりました。

次は、この「脳の外にある思考の断片」を低コストに脳に戻すしくみが必要です。その一つの方法が、机の上に広げて一覧できるようにすることです[注11]。こうすることで、手を動かしてめくったりすることなく、視線の移

注9　書こうとするテーマについて、レベル感をそろえて徐々に分解していく、という別の方法論との混同があるのかもしれません。

注10　1956年に心理学者のGeorge A. Millerが、7±2個だとする論文を書いて科学者以外にも有名になりました。2001年に心理学者のNelson Cowanは4個だと主張しています。

注11　これはあくまで具体的な実装例の一つです。まだコンピュータが普及していなかった時代に生まれた実装例なので、情報処理技術や人間と機械の間をつなぐ技術の進歩でより良い実装が生まれる可能性は高いです。一段抽象化すると「外部化した思考を低コストに再内部化する手段」がここで必要とされていることです。

動だけで脳に戻すことができるようなります[注12]。

　並べたものはこのあとのステップで動かすので、ぴっちり並べるのではなく、ゆとりがあったほうがよいでしょう。一方で机の面積にも限界があるので、全体的にゆとりを持たせて並べるのは難しいこともあるでしょう。そのような場合の現実的な落としどころとして、私は未整理のふせんを机の端にぴっちり並べ、机の中心付近を作業領域としてゆとりを持って使っています。

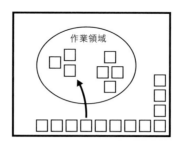

机の端にぴっちり並べ、中心付近を作業領域にする

　また、自宅の床を使って作業することもあります[注13]。

　私は50mm × 38mmのふせんを使っていますが、もっと大きな70mm × 70mmのふせんを使っている人は、机の上では面積が足りなくなるかもしれません。その場合はホワイトボード[注14]や壁[注15]を使う手もあります。デジタルデータで書き出した人は、広いモニタを使って一覧できる方法を工夫するのも手です。

注12　第1章のコラム「パターンに名前を付けること」(36ページ)で解説したDouglas Carl Engelbartのモデルで言えば、人間の作業記憶を道具と方法論によって増強していることになります。

注13　日本以外の読者のために補足すると、日本は家の中で靴を脱ぐ文化圏なので、きれいな床を机替わりの作業スペースとして使うことができるのです。

注14　一般的な1760mm × 905mmのホワイトボードには70mm四方のふせんをぴっちり並べた場合、縦12枚横25枚の300枚を並べることができます。意外に思うかもしれませんが、1m四方の机の上に50mm × 38mmのふせんをぴっちり並べた場合、縦26枚横20枚の520枚を並べることができます。ふせんのサイズは情報の密度に大きな影響を与えるのです。

注15　垂直な壁面を使う場合の問題点は、重力と身長の影響で視線の上下方向の移動に制約があることです。一般的なホワイトボードの最も高い部分は地面から180cm離れているので多くの人は水平に見ることができません。

Column

書き出し法の実例

　本章で解説する方法は、私が執筆や講演資料の作成の際に実際に使っているものです。なので、ここで具体例として、この章の内容がどのようなふせんから生まれたかを紹介します。

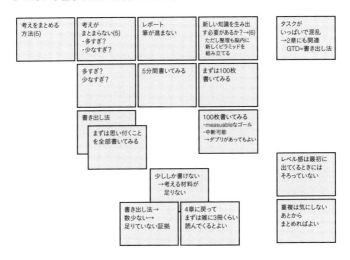

この章を書く際に作ったふせんの実例

　まず内容に重複が多いことがわかるかと思います。
　この本の目次案を作る段階でまず一度ふせんを作りました。2016年5月に最初の目次案を作った段階では「まずは100枚書いてみる」と書かれていました。なぜ100枚としたかと言うと、普段私がそうしているからです。その後、この第5章のふせんは寝かせて、手前の章を執筆していきました。
　第2章でやる気の出し方を書いているときに、「書き出し法に慣れていない読者にとって『100枚書いてみよう』は、どれくらい時間がかかるかを予測できない、大きすぎるタスクだ」と気付きました。そこで、最初の一歩を小さく刻む「まず5分間書いてみる」というふせんを足しました。第2章「タイムボックス」(68ページ)では、大きすぎるタスクを時間で区切って小さくする話をしましたね。この考え方の具体的な応用例なのです。
　その後、このふせんを見ながら、2017年8月時点の考えで再度構成して文章を作っていっています。みなさんがここまでで読んできた文章は、このようにして生まれました。

並べる過程で思い付いたらすぐ記録

並べる過程で昔書いたふせんを見て刺激され、新しいアイデアを思い付くことがあるでしょう[注16]。思い付いたことは、なんでも記録しましょう。一見関係なさそうでも記録します。あとで関係に気付くかもしれません。記録しなければ忘れてしまいます[注17]。このあとのフェーズも含めて、いつでもふせんを追加してかまいません。

関係のありそうなものを近くに移動

ふせんを広げたら、それを眺めます。しばらく眺めていると、各々のふせんの中に「関係のありそうなもの」が見えてきます。関係のありそうなものが見つかったら、その2つのふせんが近くに来るように移動します。こ

注16　特に時間的に分散して書き出し法をした場合には「1ヵ月前の自分はこう考えていたのか、今とちょっと違うな」や「似た内容を複数回書いているな、重要なんだな」など、過去の自分との対話による気付きがしばしば起こります。

注17　たとえば、別のプロジェクトに関することを思い付いたり、やるべき仕事を思い出したりします。私はそれもふせんに書き、机の隅に貼ります。書き出すことによって、今はそれを忘れても大丈夫になり、今まとめたいテーマに脳を100%使うことができます。

Column

ふせんのサイズ

文房具はみなさんが気に入ったものを使うのが一番良いです。しかし、具体例を聞きたい人も多いと思うので、私の例を紹介します。

私は50mm×38mmのふせんを好んで使っています。ペンは0.7mmのゲルインキボールペンです。

大きいふせんに1mm〜2mmの太いフェルトペン（サインペン・マーカー）を使うことを好む人もいるでしょう。私も、ホワイトボードに貼って複数人で見る場合には、大きいふせんと太いペンの組み合わせを使います。0.7mmのペンで書くと、離れたときに見づらいからです。

複数人でやることには、一人でやることに加えて別の難しさがあり、まずは一人で使って慣れることが重要です。なので一人で机に並べることを想定していて、それに合わせてふせんも小さく、ペンも細くなっています。このサイズのふせんはA4の紙に並べて貼った場合に、25枚貼ることができます。

れを繰り返すことで、互いに関係のありそうなふせんのグループが徐々に形成されていきます。

この「関係」とはなんでしょう？　私の観察によれば、ここはとてもつまずきやすいところのようなので「関係とは何だろう」の項で詳しく説明します。

ふせんを広げて関係のありそうなものを近くへ移動していくという手法を、私は文化人類学者の川喜田二郎が書いた『発想法』で学びました。彼のイニシャルを取ってKJ法と呼ばれています[注18]。

当時まだ糊付きふせん紙[注19]は発売されていないので、情報カードが使われていました。私が2011年にKJ法を試そうとしたとき、『発想法』の記述に従って情報カードを買おうとしたのですが、当時、多摩美術大学で副手の仕事をしていた妻が糊付きふせん紙を使うほうがよいと言ったので、それ以来ずっと糊付きふせん紙を使っています。

情報を書いた紙を移動する手法を経験したことのある人は多いでしょう。一方で、川喜田二郎の著書をよく読んでみると、KJ法では単に情報を書いた紙を移動するだけではなく、そのあとにいろいろな工程があります。特に興味深いのは、集めた紙を束ねて表札を付ける「表札作り」です。詳しい話に入る前に、ここでまずKJ法全体の流れを確認してみましょう。

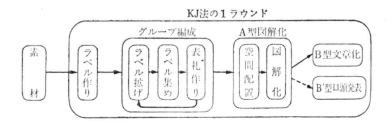

※川喜田二郎著『「知」の探検学──取材から創造へ』講談社、1977年、p.18より引用

KJ法の1ラウンドの手順

■──── KJ法の流れ

まず、KJ法を始める前に情報収集のフェーズがあります。川喜田二郎はこれを「探検」と呼び、自分の心の中を探る内部探検と外を探る外部探検と

注18　初出は『パーティー学──人の創造性を開発する法』(川喜田二郎著、社会思想社、1964年)、詳しく解説されたのは『発想法』(1967年)です。
注19　いわゆるポストイット。ポストイットは3Mの商標で、1980年発売です。

に分けて説明しました。特に外部探検は、文字どおりの探検を含んでいます。これは川喜田二郎が文化人類学者であり、ネパールなどを研究のフィールドとして素材となる情報を集め、それを構造化して理論を作る人だったことを考えると納得のいくものです。

　一方、私は探検やフィールドワークの経験は多くなく、私にとっての外部探検はおおよそ本を読むことと人の話を聞くことなので、ここでは外部探検について詳しく語らないことにします。フィールドワークに興味があれば川喜田二郎の『「知」の探検学』などを読むとよいでしょう。ソフトウェアを作る仕事の中でも、ユーザーのニーズを理解するプロセスは文化人類学と関連が強いです[20]。

　KJ法は繰り返し実行されるもので、その1ラウンドは次の4つのステップから構成されています。

❶ラベル作り
❷グループ編成
❸A型図解化
❹B型文章化[21]

「ラベル作り」は、短文の書かれた紙を作る作業です。今までふせんに書き出し法をしてきたのは、実はこのラベル作りの過程でした。
「グループ編成」は、さらに次の3つのステップに分かれます。

❶ラベル拡げ
❷ラベル集め
❸表札作り

　このうち「❶ラベル拡げ」は、短文の書かれた紙を机に並べて一覧する作業です。これについては「並べて一覧性を高くする」（149ページ）で説明しました。「❷ラベル集め」は、関係のありそうなものを近くへ移動してグループを作っていく作業です。これは軽く紹介しましたが、のちほど詳しく説明しま

注20　『イノベーションの達人！──発想する会社をつくる10の人材』（Tom Kelley／Jonathan Littman著、鈴木主税訳、早川書房、2006年）では新しいものを生み出すことに寄与する人材を10種類に分類して紹介しています。その10種類の最初に紹介されるのが「人類学者」です。残りの9つは「実験者」「花粉の運び手」「ハードル選手」「コラボレーター」「監督」「経験デザイナー」「舞台装置家」「介護人」「語り部」です。

注21　B型文章化の亜種として、B'型口頭発表があります。どちらも、言葉が一次元的に並んだものです。ここでは簡潔のために省略しました。

す。最後に「❸表札作り」をします。これはグループにその内容をうまく表現した「表札」を付けて、複数のラベルを束ねて1つにする作業です。

たとえば最初に100枚のふせんがあったとします。これをラベル集めして3〜5枚のグループにしたあと表札を付けて束ねると、見た目の枚数は25枚前後に減ります。多すぎる情報から重要な部分だけを抽出[注22]して、もっと扱いやすい分量に減らしたわけです。

この25枚に対して、また関係のありそうなものを近くへ動かしてグループを作り、表札を付けます。そうすると次は6〜7枚に減るわけです。この6〜7枚のふせんを、また関係を考えながら配置します。適度な分量になるまでこうやってグループ編成を繰り返します。こうやって、あなたが書き出した100枚のふせんの全体像が大まかにわかるようになったわけです。

それが終わると、次は「A型図解化」です。束ねたふせんを順次展開しながら、落ち着きの良い構図を試行錯誤して、空間的に配置します。そしてその配置に対して、必要に応じて囲みや矢印を加筆します。川喜田次郎はこれを「図解」と呼びました。

最後のステップ「B型文章化」では、この図解をもとに文章を作ります[注23]。断片の集合から図解へ、図解から文章へとフォーマットを変えていくことで、視点を変え、見落としに気付かせる効果があります。

グループ編成には発想の転換が必要

私がワークショップで観察していると、KJ法のステップの中で一番戸惑う人が多いのはグループ編成のようです。おそらく情報処理についての考え方を大きく変える必要があるからです。この項では、どう考え方を変えるべきかを解説します。

■——グループ編成は客観的ではない

ふせんを客観的に整理しようと思ってしまう人がいますが、これは良く

注22　ここで第1章の「抽象・abstract」(30ページ)を振り返ってみるとおもしろいです。

注23　余談ですが、ラベルの間の「関係がありそう」を機械的に判定できれば、人工ニューラルネット研究者の Teuvo Kohonen が提案した自己組織化マップなどのアルゴリズムを用いることで、関係がありそうなものが近い位置に配置された出力を作ることは自動化できます。2013年 Google の研究者 Mikolov らによって提案された word2vec などによって、単語や短文の意味をベクトル空間に埋め込む技術の研究が進みつつあるので、いずれ KJ 法の空間配置に関してはコンピュータによる支援が可能になるのではないかと考えています。

ないことです。グループ編成は主観的なものなのです。客観的であろうと
して、たとえば何かの本で読んだフレームワーク(整理の枠組み)を思い出
し、それに当てはめて分類したとしましょう。これは客観的な行為ではあ
りません。他人が主観的に作った枠に、情報を押し込める行為です。自分
が集めた情報ではなく、借り物の解釈を優先してしまっているのです。

　一方、自分の主観的な考えを、客観的な考えだと勘違いしてしまう人も
います。これも危険な状態です。他人の考えが自分の考えと食い違ったと
き、自分が客観的で正しく、相手は主観的で正しくない、と判断してしま
うからです。この状態に陥ると、自分の考えの枠組みを更新できなくなり
ます。

　情報をどう解釈するべきかについて、客観的に正しい基準は存在しませ
ん。せいぜい「多くの人が賛同している基準」があるだけです。なので、客
観的であろうとしなくてよいのです。自分の主観的解釈を持つことが大事
です。そして、それが主観的解釈であることを忘れず、他人が自分と異な
る意見を述べたときには自分と対等な主観的意見として聞き入れ、新しい
ふせんとして取り入れ、枠組みを更新できないかと模索していけばよいの
です。

■───グループ編成は階層的分類ではない

　ふせんを階層的に分類しようとしてしまう人も多いです。川喜田二郎は
これを民主的ではない専制的なグループ編成だとして、強く嫌っていまし
た。

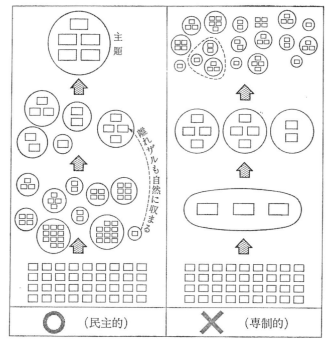

※前掲『発想法』(川喜田二郎著、中央公論新社) p.77 より引用

階層的に分類してはいけない

　分類という行為が持つ特徴について理解することは、KJ法を活用するうえでとても大事です。掘り下げて解説します。

■────**既存の分類基準を使うデメリット**

　分類することのデメリットは2つあります。まず、既存の分類基準に従って分類する場合、KJ法によって得られる構造が、既存の構造と同じものになります。たとえば、手元に多種多様な花の写真があるとしましょう。これを既存の生物学的な分類基準に従って分類し、「バラ科」などと表札を付けたのでは、新しい構造は生まれません。これではKJ法をやる意味がありません。

　この作業によって得られるものは、既存の分類に従って手元の情報を整理したものです。もしそれが本当に求めていたものなら、ふせんを並べてボトムアップでグループを作っていくのではなく、分類基準をたとえばホ

ワイトボードなどに書いて、それを見ながら適切な場所に一つ一つのデータを貼り付けていくほうが効率的です。

　既存の分類基準を無意識に使ってしまった場合、A型図解化の空間配置まではスムーズなので、間違いだと気付かずにKJ法を進めてしまうことがあります。しかし、関係を加筆しようとしても「これらの花はすべてバラ科である」という囲みを描くぐらいしかすることがありません。できあがったグループの中に、自分の経験に基づく視点やストーリーがありません。なので文章化の際に苦しむことになります。たとえば「この写真にはバラ科とマメ科がある。バラ科にはA、B、Cがある。マメ科にはD、E、Fがある」のような無味乾燥な文章になってしまいます。

Column

フレームワークによる効率化

　世の中にはいろいろなフレームワーク、思考の枠組みがあります。たとえば第4章「わからないことを解消するために読む」(130ページ)では、高田明典によるわからない理由の4分類を紹介しました。

　こういう思考の枠組みに従うと、思考の効率は良くなります。それは、自分で枠組みを考えるコストがなくなるからです。「わからない」の4分類の例なら、あなたが「わからない」と感じたときに「この『わからない』は4つのうちのどの『わからない』だろう？」と考えることで、「わからない」の種類の明確化が進みます。

　一方で、フレームワークによる効率化と、フレームワークによって思考が枠にはまり固定化してしまうこととは、コインの裏表のように不可分につながっています。「わからない理由はこの4つのどれかである」と考えてしまうと、無意識に4つのどれかにしようとして、当てはまらないものを無意識に見落としたりします。

　変化が必要ない状況ならば、過去の人が考えた枠組みを使って効率化していくことが合理的です。一方で、既存の枠組みを壊して自分で新しい枠組みを作る力がなければ、変化が必要になったときに何もできなくなってしまいます。川喜田二郎は新しい枠組みを作っていくことを強く志向していた、と私は考えています。

■──── 事前に分類基準を作るデメリット

　自分で分類の基準を作る場合は、借り物の基準を使う場合よりは、「新しい構造」が生まれる余地があります。しかし、事前に分類基準を作ってそれに従って分類していると、しばしば「うまく分類できないもの」に出会うことがあります。うまく分類できないものに出会ったとき、「これはどちらに分類したらよいのだろう」と悩みがちです。しかしその悩み方はそもそもおかしいのです。どちらに分類すべきかをすぐ判断できないということは、分類基準が適切ではないということです。

　適切な分類基準を作るためには、分類対象にどんなものがあるかの全体像を把握している必要があります。しかし、情報が多すぎて把握できていないから、どうやって整理しようかという話になっているわけですよね。全体像を把握していない状態で事前に作った分類基準は、高い確率で間違っています。

　事前に分類基準を作った時点のあなたは、「うまく分類できないもの」の存在に気付いていませんでした。つまり「盲点」です。「うまく分類できないもの」と出会うことで、あなたは盲点に気付き、既存の思い込みの枠を壊して、新しい枠組みを作るチャンスを手に入れました。このタイミングで、古い分類基準を手放すべきです。

　残念なことに、人間は手放すことが苦手です。事前に作った分類基準のほうを大事に思って、事後的に気付いた盲点のデータを軽視しがちです。ですが、もし盲点のデータを捨ててしまうなら、最終的に得られるものは「事前に自分が考えた分類基準」と同じ構造です。これではKJ法でふせんを集めたり束ねたりする意味がありません。

　なので、KJ法をやるうえでは、事前の分類基準を持たないことが大事です。とはいえ無意識に持ってしまうこともあります。大事なのは、その事前の分類基準はあくまで仮の分類基準であって、うまく分類できないラベルがあったら、分類基準の側が変わるべきだという考え方です。ラベルに書かれた具体的な情報こそが主体で、それをどう構造化するかという主観的解釈は具体的な情報に従属するものなのです。

■──── 分類で負担を減らすメリット

　ところで、情報があまりに多すぎる場合は、分類をして一部分だけに集中することに、負担軽減のメリットがあります。たとえば第2章「まず基地を作る」(54ページ)では「今日やるタスクかどうかで分類して、今日やるこ

とだけに集中」という手法を紹介しました。これは、タスクが多すぎるとき
に、分類によって認知の負担を減らす、有用なテクニックの一つです。

　私がこの本の原稿を書くうえでも、1冊全体では700枚程度のふせんがあ
りました。この枚数では、たとえ並べたとしても一覧が困難になります[注24]。
KJ法を使い慣れていても、この枚数を扱うのはつらいです。なので、章ご
とに分けて、執筆中の章のふせんだけを見て執筆しました。

　ただし、この章立てはトップダウンに「こういう章があるべき」で決めた
のではありません。まずふせんを書き出して、そのふせんをボトムアップ
にグループ編成しました。この作業によって章立てという構造が浮かび上
がってきたのです。実際にどうやったかの詳しい話は、「ふせんが膨大なと
きの表札作り」(164ページ)で紹介します。

関係とは何だろう

　川喜田二郎は「関係がありそう」なものを集めろ、としか説明してくれま
せん。これもKJ法を学ぶ人がつまずきやすいところです。「関係」とはいっ
たい何なのでしょう。

■──類似だけが関係ではない

　ものごとを分類するときは、似ているものを1つのグループに入れます。
つまり分類は「AとBは似ている」という類似関係に注目しているわけです。
KJ法で「関係のありそうなものを集める」と言うとき、この「関係」は類似関
係だけではありません。たとえば「Aという意見とBという意見は対立して
いる」という対立も関係ですし、「AはBに含まれる」という包含も関係です。
「AのあとBになった」という時間変化も、「AだからBなのだ」という因果
も、すべて関係です。

■──NM法は対立関係に着目する

　グループ編成の考え方を学ぶうえで、川喜田二郎の「関係のありそうなも
の」という表現はつかみづらいです。それを改善しようとして『NM法のす

注24　A4のコピー用紙にふせんをびっしり並べると1枚あたりにふせんが25枚程度ですから、700枚のふ
　　　せんでは28枚のコピー用紙が並ぶことになります。

べて』[25] の著者、中山正和は「対立関係」に注目することを提唱しました。

例として「社内教育」というテーマについて、社内で20人の意見を聞き、収集した情報が60枚のふせんになっているとしましょう。このふせんの中から、対立関係にあるものを探します。社内教育が議題になるということは、社内教育に対する20人の意見は1種類にまとまってはいないわけです。ならばこのふせんの中に、対立関係にあるふせんがあるはずです。その対立関係に注目していくのです。

NM法は対立に注目したあと、その対立の解消に役立つかもしれない仮説を立てることを目指します。これは、情報をまとめる方法ではなく新しい仮説を生み出す方法なので、詳細は次章で説明することにします。

NM法では対立関係に注目しましたが、KJ法では対立も含めてどんな関係でもかまいません。また、グループを作る段階では、その関係がどういう関係であるかを説明できる必要もありません。なんとなく関係のありそうなものをまず一ヵ所に集めてグループを作り、それからグループの内容を説明してみる、というアプローチを川喜田二郎は勧めています。内容をすんなり説明できるなら良いグループです。できなければグループを分解すればよいだけなので、この段階で心のハードルを高くしすぎないことが大事です。

■ 話題がつながる関係

私は、KJ法のグループをプレゼンのスライドにたとえるとよいのではないかと思います。1枚のスライドに入れて一緒に話せる内容と、そうでない内容がありますよね。関係のないことを無理に1枚のスライドに入れると、話がスムーズではなくなります。物理的に近い位置にあるふせんは同じスライド上、もしくは時間的に近いスライドで語るイメージです。スムーズに話がつながるように、ふせんを配置していくわけです。

話がつながるかどうかについて具体例を挙げます。ここに2枚のふせんがあったとします。この2枚は話がつながりそうでしょうか?

- A:KJ法は時間を無限に吸う[26]
- B:「考えがまとまらない」と「部屋が片付かない」は似ている

注25　中山正和著『増補版 NM法のすべて──アイデア生成の理論と実践的方法』産業能率大学出版部、1980年

注26　「KJ法は時間をかけようとすると無制限にいくらでも時間をかけることができてしまう」という意図での表現です。わかりやすくするために書き換えるべきか考えたのですが、実際に私が書いたふせんの文章を紹介したほうがよいと考えました。

私はこの2枚をスムーズにつなげる方法は思い付きませんでした。

さらにふせんを2枚足してみましょう。

- ・C：文化人類学者と多くの社会人は置かれた環境が違う
- ・D：必要なときにすぐ取り出せるようにする

この4枚を2枚ずつのグループにするとしたら、あなたならどうします
か？ どうグループ分けするかに正解はありませんが、私の主観でグループ
分けすると以下のようになります。

- ・A＋C：KJ法は時間を無限に吸う＋(しかし)＋文化人類学者と多くの社会人は
  置かれた環境が違う＋(だから社会人向けにチューニングする必要があるので
  は？)
- ・B＋D：「考えがまとまらない」と「部屋が片付かない」は似ている＋(「部屋を片
  付ける」とは)＋必要なときにすぐ取り出せるようにする＋(ことである。情報
  の片付けも同じではないか？)

このように話がつながるのが良いグルーピングです。括弧の中身は、今
説明のために付け足しました。

集めたふせんを眺めてそれらをつなぐストーリーを考えることで、新し
い情報が生み出されることがあります。この例なら「社会人向けチューニン
グが必要」が新しく生まれた情報です。生まれた情報は、忘れないようにす
ぐふせんに書きましょう[注27]。

束ねて表札を付け、圧縮していく

KJ法では、関係のありそうなふせんを集めたあと、束ねて、表札を付け
ます。表札とは、そのグループの内容を説明するふせんです。これを束ね
たふせんの一番上に置きます。

ふせんに書き出して、ホワイトボードに並べて貼ることは広く行われて
いますが、表札作りまでやっているケースは多くないように見えます。理
由はおそらく、ふせんの分量が多くないからでしょう。「並べて一覧性を高
くする」(149ページ)で紹介したように、一般的なホワイトボードに貼るこ
とできるふせんの量は意外と少ないです。

注27　この部分の原稿を最初に書いたときには、私はA＋Bの方法を思い付きませんでした。今読み返し
てみて「部屋の片付けも時間を無限に吸う」という組み合わせ方を思い付きました。このように素材
が同じでもそこから何が生まれるかは時によって変わります。

川喜田二郎によれば、KJ法の準備として2時間のブレインストーミングを行うと、数十枚から百数十枚程度のふせんが生まれる[注28]とのことです。ブレインストーミングを提唱したAlex Faickney Osbornは著書の中で、ブレインストーミングのルールについて「厳密に正式に行わねばならない唯一の事柄は、提出されたすべてのアイデアの記録である。」と述べています[注29]。2時間のブレインストーミングで、すべてのアイデアを記録し、1分に平均1枚のふせんが作られれば120枚になります。十分あり得ることでしょう。

　私の実感としても、100枚前後のふせんが用意されてからが、KJ法の出番であるように思います。この章の冒頭で、まず情報が多すぎるのか少なすぎるのかを識別しようと説明し、ふせん100枚を目安としたのは、これを意識してのものでした。十分な量の情報が書き出されている状況で、表札作りがどう機能するのかを学んでいきましょう。

■── 表札作りのメリット・デメリット

　束ねて表札を付けることにはメリットとデメリットがあります。

　メリットは、見かけの枚数が削減できることです。情報が多いと、人は苦痛を感じがちです。漠然とした「情報が多い」という苦痛を解消するために、ふせんに書き出して具体的な量を明確化しました。その結果、たとえば100枚のふせんが得られたわけです。次は、この情報過多の苦痛を減らすために、束ねることで見た目の枚数を減らしていくわけです。5枚のふせんが1つにまとめられれば、当初100枚あったふせんも20束に変わります。

　一方デメリットは、束ねたものの中身を見るのに手間がかかることです。表札作りは、情報の一覧性を犠牲にして、処理しなければいけない情報の量を減らす作業なのです。なので、なるべく犠牲が少ないように、表札にはグループの中身をうまく説明した文章を書く必要があります。

■── 表札を作れるグループが良いグループ

　表札に良い説明を書くためには、グループ作成の段階で分類をしないことが必要です。たとえばA〜Eの5枚のふせんを「これは問題の原因だな、これ

注28　長時間の場合に300枚になることもあるが、それを整理しようとすると生真面目な人はノイローゼぎみになるだろう、とも言っています。

注29　Alex Faickney Osborn著、豊田晃訳『創造力を生かす──アイディアを得る38の方法　新装版』創元社、2008年、p.273

も問題の原因だな」と考えてグループにまとめたとしましょう。このグループにどのような表札を付けますか？　共通点が問題の原因であることしかないので、「問題の原因」という表札を付けることになりますが、この表札ではグループの中身がさっぱりわかりません。

　表札が良い説明にならなかったのは、5枚のふせんに「問題の原因である」以外の共通点がなかったからです。この5枚をグループにしたのがいけなかったのです。「このAに関係のありそうなふせんはないかな？」と考えて、A'やA''を見つけ、グループにするべきなのです。

　グループ化のやり方がピンと来ていない人は、ぜひ適当にグループを作って、この表札作りに挑戦してみましょう。内容をうまく要約して表札を作ることができるグループと、そうでないグループの違いを実感できます。うまく要約できるグループが良いグループです。この練習をすることで、良いグループ編成をするスキルが身に付きます。

■── ふせんが膨大なときの表札作り

　表札作りは、ふせんの数が多い場合にはとても有益です。私の経験では、ふせんの枚数が150枚を超えると、並べて広げても一覧するのがつらく感じます。束ねて表札を付けることで、情報洪水の苦痛を和らげるわけです。

　具体例として、この書籍の作られた流れを紹介します。まず、この書籍に書いたらよいと思うテーマをふせんに書き出します。書き出したあとで数えてみると600枚程度ありました。こうなると全部を広げて一覧するのが難しいです。

　そこで私はまず、広げられるだけ広げました。おそらく150枚程度かと思います。そしてそれに対してグループを作り表札を付ける作業を行いました。そうすると、おおよそどのような情報があるかがわかってきます。

　束ねたことによって空間に余裕ができてくるので、そこに徐々にふせんを追加します。そしてまたグループ編成をします。すでに束ねたものと、新しいふせんとに関係ありそうな場合、その表札が新しいふせんの説明としても適切そうなら束に追加します[30]。ちょっと違うなと思ったら、単に並べておいて、適当なタイミングで新しい表札を付けて束ねます。

注30　厳密に考えると「束を展開して中身それぞれを見比べるべきでは」という気持ちになりますが、手間なのでやりません。束ねられたふせんを展開することが物理的に手間なだけなので、たとえば電子的なデバイスでKJ法を行っていて、ワンタッチで中身が確認できるなら確認するのもよいと思います。折り畳み表示可能なアウトラインエディタなどなら近いことができそうです。

この作業をしばらくやると、情報が一覧できるくらいの分量に収まります。それを見て、「どういう章を作るか」を仮決めします。章の間の関係性や、章がどういう順番で並べられるとよいかなどを、この状態で考えます。600枚のふせんは十数個の章に分かれました。

　こうやってできあがった情報の束を観察してから、再構成をします。「テーマAとテーマBは別物のつもりだったが、あえて言うならテーマAの一部がBだな。マージできないかな」や「テーマCは独立した章にするほどの分量でもないので関連の強いテーマDにコラムとして挿入するのがよいかもな」などと考えるわけです。たとえばこの段階では「瞑想」という章がありましたが、あまりほかの章とうまくつながらないので削りました。このようにして、この書籍の章立ての案ができました。

　その後、ふせんの束を章ごとに分け、もう一度展開して、章の中であらためてグループ化をしました。そのころにはふせんは700枚程度に増えていましたが、10個に分けたことで各章は70枚程度になり、十分扱える分量になったわけです。

　第1章で、抽象化・モデル化・パターン発見のプロセスを、情報を積み上げてピラミッドを作ることにたとえました。ピラミッド状に積み上げるためには、まず土台になる石を集め、それからその上に石を置く必要があります。

　同じように情報を積み上げるためにも、まず土台になる情報を集め、それからその上に情報を置くことになります。KJ法の表札作りも、まず具体的なふせんをたくさん用意し、それを集め、その上に「表札」を置いていく作業です。とてもよく似ています。

■──「考えがまとまらない」と「部屋が片付かない」は似ている

　KJ法を未経験の人に、束ねて表札を付ける作業をどうたとえたらわかりやすいかな、と考えて思い付いたたとえが部屋の片付けです。

　片付いている部屋は、たとえばボールペンが必要だと思ったときにすぐに取り出すことができます。つまり片付けとは、必要なときにすぐ取り出せるようにする準備のことです。

　スタンフォード大学のRobert E. Horn[注31]は『情報デザイン原論』で、情報デザインを「情報を、人が効率的かつ効果的に使えるような形で準備する技

注31　HornはInformation Mappingと呼ばれる情報の可視化と分析の手法を開発しました。

と知識」と定義しました[注32]。つまり部屋の片付けと情報デザインは、どちらも必要なときにすぐ使えるようにするための準備だ、という点で似ています。

　片付けとは、何をどうすることでしょうか。具体的に考えてみましょう。たとえば筆記用具を集めて物入れの引き出しに入れます。そして「筆記用具」とラベルを貼ります。これはまさに、関係のありそうなものを集めてグループを作り、それに表札を付けているわけです。

注32　Robert Jacobson編、篠原稔和監訳、食野雅子訳『情報デザイン原論』東京電機大学出版局、2004年、p.11

Column

表札とふせんの色

　表札をほかのふせんとどう区別するかについて質問されることがあります。みなさんのやりたいようにやればよいのですが、参考に私のやり方を紹介しておきます。

　まず、私はふせんの色で区別することはやりません。これをやると見た目はきれいなのですが、複数の色のふせんを使い分けるのが面倒です。一時期、表札の文章を赤いサインペンで囲むことをやっていました。しかしこれも赤いサインペンを用意することが面倒になってやめました。今は、地の文を書くのに使っている黒ボールペンで、表札の文章を囲んでいます。表札の表札は二重に囲います。派手さはありませんが実用上の問題はなく、ふせん1色とペン1本があれば実行できます。

　私がKJ法をしているところを見た人の多くが「ふせんの色に意味はあるのですか？」と質問します。複数の色のふせんが使われていてカラフルだからです。しかし特に意味はありません。なぜカラフルなのかというと、たまたま4色セット2,000枚入りのふせんを買ったからにすぎません。

　私がKJ法を使うのは、生身で処理しきれない情報を処理するために、道具を使って認知能力の限界を引き上げるためです。なので色に意味を持たせて使い分けるような余裕はありません。もしかすると単色のふせんを買ったほうが認知的負荷が下がるのかもしれません。最近単色のふせんを4,000枚まとめ買いしたので、今後実験していくつもりです。

　一方で、色の違うふせんを気にせず使うスタイルにはメリットがあります。時間的に分散した書き出し法をするうえで、色を気にせずにふせんを使うことで、一度に書き出した内容は同じ色である確率が高くなります。この結果、KJ法でまとめたグループに複数の色があると、時間的に離れたアイデアが結合したのだと知ることができます。

片付けのテクニックとして、「収納場所に先に分類ラベルを貼るな」と言われます。なぜかというと、集めてみたら意外と黒ペンがたくさんあって、黒ペンだけで1ブロック使うかもしれないからです。そういう観測事実を見てから、「黒ペン」「その他筆記用具」と表札ラベルを作る必要があります。全体像を把握しないまま、こういうものがこれくらいあるだろうという思い込みで分類ラベルを張ってしまうと、筆記用具の棚に筆記用具が収まりきらず、かといってほかの棚にはすでにラベルが貼ってあって入れる場所がない、という問題が起きます。先に分類ラベルを貼ってはいけないのです。

また、同じ筆記用具でも、鉛筆と消しゴムは一緒に使うことが多いでしょう。一方、消しゴムとサインペンは一緒には使わないでしょう。鉛筆とサインペンはどちらも「書くもの」ですが、そういう観点で分類するより、一緒に使うものを近くに置いたほうが使いやすいです。「効率的かつ効果的な形で準備する」ことが目的であって、分類することが目的ではない、と気を付ける必要があります。

私の失敗例としては、「工具」の箱にハンダごてをしまっていたことがあります。しかしハンダは別の箱に入っていました。ハンダ付けをしようとすると、両方の箱を開けて取り出す必要があります。これはおかしいですね。今はハンダ付けに必要な、ハンダごてとハンダとその他必要なものを

Column

知識の整合性

知識の正しさは何によって保証されるのでしょう。「本にそう書いてあったから」では正しい保証がありません。あなたが実際に経験したことは、その経験自身、観測事実までは正しいですが、それを人間が解釈して意味付けしたところで正しい保証がなくなります[注1]。

実験ができる分野に関しては「この解釈が正しいなら、この実験結果はこうなるはずだが、実際にはそうならなかった」という反証ができます。第1章では、プログラミングを学ぶときには、自分の解釈に基づいてプログラムを書いて、その実行結果を観察することによって、理解の検証ができる、という話をしました。これも間違いに気付くことはできますが、正しいと保証することはできません[注2]。

注1　第1章でEinsteinの図を紹介しましたね。

注2　計算機科学者のEdsger Wybe Dijkstraは、「テストによってバグの存在は証明できるが、バグの不在は証明できない」と述べています。
　　　出典：Brian Kernighan／Rob Pike 著、福崎俊博訳『プログラミング作法』アスキー、2000年

では、実験ができない分野ではどうすればよいのでしょうか？ そんな分野で使える基準の一つが、より多くのものと整合していること、です。これも正しいことを保証する方法ではありませんが、有益な基準です。多くのものと整合する知識は、応用範囲が広いからです。
　たとえば、異なる著者の書いた本に渡って整合している知識は、きっと正しい可能性が高いだろうと考えられます。本に書いてあった知識が自分の経験とよく整合する場合、腑に落ちた感覚がします。講演をした場合に、そこで話したことが聴衆の経験とうまく整合すると聴衆はとても喜びます。

本を読んでいくつか
知識を得たが、
つながっていない

本を読んでいくつか
知識を得て
その知識は
つながっているが、
自分の体験とは
つながっていない

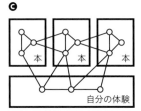
本を読んで得た知識が
ほかの本や自分の体験とつながっている

本の中の知識が自分の経験とつながるとよい

　本を読んで、傍線を引いたり抜き書きしたりする人は多いでしょう。その抜き書きをふせんにしてみてグループ編成を試してみると、とても良い学びになります。言い回しの格好良さにつられて抜き書きした文章が、なかなかほかの知識とつならず浮いてしまうかもしれません。逆に、まったく派手さのない文章が、実は複数の本の情報を結び付けるとても重要な知識だと気付いたりします。
　本を読んで、ふせんを作り、グループ編成してみる。この検証活動を通じて、あなたが抜き書きした文章が、ほかのものとつながりやすい整合性の高い知識だったのか、そうではなかったのかがわかります。これを繰り返すことで、あなたは「多くのものと整合しそうな知識」を見つけ出すスキルを高めることができます。
　「多くのものと整合しそうな知識」を収集し、それにKJ法を使うと何が起こるでしょうか。一覧して「関係がありそうと感じたもの」をグループにし、それに表札を付けることは、整合しそうな知識を組み合わせ、なぜ整合するのかを言語化していく作業です。これを繰り返すことによって、知識の間の整合性が増していき、あなたの中に密につながりあった知識のネットワークが構築されていきます。私はこれがとても有益なものだと考えています。

1つの場所にまとめています。

束ねたふせんをまた広げる

KJ法のここまでのステップでは、ふせんを束ねる方向に進んできました。どんどん情報を圧縮してきたわけです。ここで逆転します。最終的なアウトプットの文章やスライドに向けて、圧縮したものを展開していくのです。

まず束ねたふせんを、束ねたまま、模造紙の上などに配置します。このときに最も落ち着きの良い構図を試行錯誤して見つけます。

それができたら束ねたふせんを展開して、一段階下のふせんを取り出します。このふせんを、周辺のふせんとの関係を考慮しながら、落ち着きの良い構図で配置します。これを繰り返してすべての束を展開します。

次が図解化です。展開され空間的に配置されたふせんを眺めて、グループ化されていたふせんを輪で囲んだり、その輪と輪の間に矢印を加筆したりします。

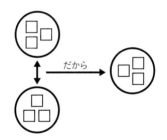

ふせんの周りに対立矢印や話の流れを加筆する

矢印は、たとえば「AだからB」という関係や、「Aという意見とBという意見は対立している」という関係を表現するためのものです。KJ法はいろいろな関係を、まずは単にふせんを近くに置くことで表現します。なので配置では表現しきれないものを表現するためにあとから加筆するわけです。

こうやって、最初に作ったふせんが、関係のあるものが近い位置になるように空間的配置され、囲みや矢印が加筆された「図解」ができあがります。

文章化してアウトプット

最後のステップ「B型文章化」はこの図解をもとに文章での説明を作る作

業です。

　今作られた図解は、情報が2次元の空間上に配置されています。しかし、書籍の目次案を作るには、これをツリー状の構造にしなければいけませんし、解説の文章にするには1次元の単語の列にしなければなりません。

　このフォーマット変換作業が、実はとても有益です。文章にしようとすると、うまく話がつながらない、ということがあるからです。図解は大まかに全体像を把握することに向いています。しかし、つながりが少しあやふやでも気付きにくいです。文章で書こうとするとそこが目立ってきます。たとえば図解の上では「AだからB」で説明できるつもりだったものが、いざ文章で書いてみると無理のある論理展開に思えてきたりします。これは学びのチャンスです。欠けているもの（盲点）に気付いたことで、それを埋めるチャンスが訪れたのです。

　文章のほうが詳細に関係を記述できるのであれば、図解は必要ないのではないか、と思う人もいるかもしれません。しかし文章の細部に集中していると、全体的なバランス感覚を見失いがちです。全体を俯瞰する鳥の目と、細部に注目しながら着実に進んでいく虫の目と、両方を切り替えて使うことが大事です。KJ法は、この視点の切り替えを意識的に行う方法だと言えます。

　こうしてKJ法を経て、断片的な100枚のふせんから1次元の文章が作られました。文章が作られれば、人に説明してフィードバックが得ることができます。学びの機会になるわけです。また、第4章「人に教える」（140ページ）で説明したように、他人に解説しようとすることで、自分自身の記憶も強化されます。そしてさらに、ここで作った文章やスライドは自分が将来復習をするときの教材にもなります。

社会人向けチューニング

　川喜田二郎は文化人類学者です。つまり「考えをまとめること」をライフワークとしている人です。彼は考えをまとめることにふんだんに時間リソースをつぎ込むことができる状況です。

　一方で、多くの社会人が置かれている状況は、慢性的に時間不足なので

はないかと思います。なのでオリジナルのKJ法そのままでは、現代の社会人のニーズにはミスマッチです。状況が変われば、それに合わせて方法論を設計する必要があります。

KJ法的な活動を、限られた時間、断片的時間でできるように設計変更をしてみましょう。

ステップの省略

まずステップの省略です。

表札作りはMUSTではありません。これは分量が多すぎて苦痛を感じる場合の対処策です。川喜田二郎は数個のグループになるまで表札作りとさらなるグループ化を繰り返すことを提案しましたが、それを数回体験してみて良いグループ編成とはどういうものかを理解できれば、普段の作業ではやらなくてよいと思います。私の場合、600枚のふせんから書籍の目次案を作るときには表札作りをしましたが、章ごとに分けた60〜100枚程度のふせんは表札を作らずに直接空間配置をしました。

図解化も MUST ではありません。何回か体験してやり方を習得し、必要なときに使えるようになることは有益です。しかし必要だと感じないときにはやりません。私は、ふせんの空間配置だけでは表現できないものを記録しておきたいときにだけ加筆しています。たとえば2つのグループが互いに対立関係にあることや、あるグループを話してから別のグループを話そうという話の流れなどを加筆することが多いです。自分が必要性を感じたときにだけやりましょう[注33]。

中断可能な設計

次に、中断可能な設計について考えましょう。これは特に社会人に大事です。私の場合、専業の著述家ではなく、普段は別の仕事をしながら休日や夜に執筆をしています。書籍1冊を書くのに1〜2年ほどかかりますが、その間執筆だけに専念するわけにはいきません。なので机にふせんを広げたままにしておくことはできません。

書き出し法は中断可能にすることが簡単です。小さいふせんを持ち歩い

注33　第1章でYAGNI原則を学びましたね。必要ないことはやらないのです。

て、隙間時間で書き出し、書いたものはクリアファイルに挟んで書類入れに保存しています。

問題は、机やホワイトボードの表面が貴重なリソースであることです。ふせんを広げるフェーズで、机やホワイトボードに直接広げると、中断するときには片付ける羽目になるでしょう。その場合、並べたものをまた束ねることに徒労感を感じますし、片付けること自体に時間がかかります。

その対策として、私はA4の紙に貼っています。まず最初の広げて眺める段階で、A4の紙にぴっちり並べて貼っていきます。私の使っている50mm×38mmのふせんなら、A4の紙に25枚貼ることができます。ふせんが100枚なら4枚のA4用紙にびっしりとふせんが貼られることになります。これを一覧用紙と呼ぶことにしましょう。

そのあとの、関係のありそうなものを近くに移動していくフェーズでは、新しい紙を使います。一覧用紙を眺めていて関係のありそうなペアを見つけたら、その2枚をはがして新しい紙に貼ります。オリジナルのKJ法ではA型図解化のタイミングで初めて模造紙に貼るのですが、こちらは最初から紙に貼られているので関係の加筆もすぐにできます。

この方法なら、中断したいときでもA4用紙を保管すればよいので手軽です。A4の紙を保管し、必要なときにすぐ取り出せるようにするための道具は、安価で手軽に手に入ります。たとえばクリアファイルや紙フォルダなどです。またA4の紙自体も入手しやすいでしょう。たとえば印刷物の裏紙を使ってもよいですし、裏紙がないなら100枚入りのプリンタ用紙などを使えばよいです。必要なときに紙が不足すると時間の無駄なので、潤沢に用意しておくとよいでしょう。

A4書類の整理法

経済学者の野口悠紀雄の押し出しファイリングでは、A4用紙が入る角2サイズの封筒をたくさん用意し、書類を封筒に入れます。封筒には中身の説明を書きます。そして新しく追加した封筒と取り出して使った封筒は一番端に移動します。このことによって、よく使うものや最近使ったものが片端に集まり、もう片方の端にはあまり使わないものが集まることになります。コンピュータのファイルにたとえるなら、更新時間順のソートをす

るわけです[注34]。

押し出しファイリングは1993年に提案されたものです。この時代は、パーソナルコンピュータが今ほど普及しておらず、スマートフォンも登場していませんでした。それから25年経って、多くの人がスマートフォンなどを持ち歩き、いつでもデジタルデータにアクセスできるようになりました。この状況を受けて、ユーザーインタフェース研究者の増井俊之はデジタルデータの利用を前提にした整理法を2013年に提案しました。「クリアファイル整理法」と呼ばれています[注35]。

クリアファイル整理法では、クリアファイルに大きく番号を書いておき、書類をクリアファイルに入れ、その番号と中身の対応付けはデジタルデータにします。クリアファイルは並び替えたりせず、常に番号順を保ちます。こうすれば、探したいものの番号はデータの中で検索すればすぐわかります。そして、たとえば38番だとわかったら、番号順に並んでいるクリアファイルの中から38番を見つければよいのです。どの物がどこにあるかという情報は、デジタルデータとして管理することで、検索などの情報処理技術が活用できます[注36]。

私は、執筆中の章のふせんだけは、持ち運び用の書類ケースに入れて常時持ち歩いています。新しく書いたふせんを放り込んだり、ちょっとした待ち時間などにそのふせんをA4用紙に貼ったりしています。

繰り返していくことが大事

第3章「記憶と筋肉の共通点」(79ページ)では、繰り返すことが記憶を作るうえで重要だと解説しました。また「作る過程で理解が深まる」(99ページ)では、意味について考えるなどの認知的に高度な作業をしたほうが記憶にとどまりやすくなることを解説しました。KJ法は認知的に高度な処理であり、それを繰り返すことで、効率良く記憶を作ることができます。

注34　野口悠紀雄著『「超」整理法――情報検索と発想の新システム』中央公論新社、1993年
注35　http://masui.blog.jp/archives/397102.html
注36　この方法は、物理的な空間で物を整理することをすっぱり切り捨てているところがおもしろいところです。物理的空間は番号と物を対応付けて保管するためだけに使うのです。

KJ法を繰り返す

川喜田二郎は、KJ法は1回やって終わりのものではなく、何度も繰り返すものだとしています。私もKJ法を何度も繰り返したり、時間を置いて再度やることに価値を感じます。KJ法を通した知識は、たとえて言うならばよく耕された畑のような状態で、新しい種がまかれたときにとてもよく育つ感じがあります。放置していると育ちすぎて見通しが悪くなるので、整理したくなります。

また別のたとえをするなら、KJ法を通した知識は、よく整理された文房具棚です。それ自体とても使い勝手が良いので繰り返し使います。文房具と違って、知識は使うと類似の知識が集まってきます。つまり、類似の文房具がどんどん増えるわけです。増えた文房具もその文房具棚に入れたいですよね。新しい文房具を追加して棚を再度整理しなおしたくなります。

繰り返しのトリガ

このように繰り返しKJ法をすることは有用なのですが、今からKJ法を始めてみようかと思っている人に「繰り返す必要があるのだ」と言うのは、ゴールをあいまいで遠いものにすることになって良くないと思います。最初から繰り返そうと思わなくてもかまいません。たとえばプレゼンが目的なら、スライドを作って発表し、そのスライドを公開すればゴールだと考えてかまわないでしょう。

講演スライドをインターネット上で公開しておくと、それを見た別の人から「この内容で講演してほしい」とか「書籍にしないか」という打診が来ることがあります。インターネット上で言及されていることに気付いたり、会った人が「あの記事を読みましたよ」と言及したりします。公開していれば、他人がトリガを引いてくれるのです。そしてその頻度は、公開したものの社会的な価値が高いほど高頻度になります。

こうやって言及されたときに、再度読み返してみて、少し再構成したいなと思うことがあります。これは再度KJ法をするチャンスです。

インクリメンタルな改善

他人に繰り返しのトリガをゆだねる以外の方法としては、第3章で紹介

した SuperMemo の作者 Piotr Wozniak が提唱している Incremental Writing があります。書きかけの文章が間隔反復法のしくみで徐々に長くなる間隔で提示されるわけです。

Facebook などの SNS が持っている、数年前の同じ日に投稿した内容を提示する機能もトリガとしての効果を発揮します。過去に自分が書いた文章が、今の自分に刺激を与えるわけです。たとえば3年前に自分が書いた文章を今の自分が見て、今でも重要だと思ったら、今の自分がより良く修正したうえで再度投稿します。

私はこの本の執筆計画中に Incremental Writing をしばらく試してみました。提示された文章の刺激でアウトプットが促される感覚にはたしかにおもしろいものがありました。一方で、定められた期間で定められた分量の原稿を作らなければいけない、紙の本の出版プロセスにはあまりフィットしないと判断しました[注37]。

第3章「知識を長持ちさせる間隔反復法」(91ページ)で学んだように、間隔を空けて提示することは長期記憶を鍛えることに有用です。締め切りのある執筆仕事ではなく、長期的に自分を鍛えることに向いていそうです。

過去の出力を再度グループ編成

私が上記のふせんを取っておくしくみを発明する前は、発表が終わったふせんは捨ててしまっていました。その状態で、この発表について、再度講演してほしいというオファーがあったらどうすればよいでしょうか？特に、聴衆の層が少し変わるとか、追加で話してほしいテーマのリクエストがあるなど、スライドを修正したくなるような状況だったら？[注38]

基本的には、再度書き出し法からやればよいです。手書きでふせんを作ってもよいでしょう。私はプレゼン資料のスライドを1ページ25枚割り付けで印刷するプログラムを作りました。A4のプリント用紙に25枚割り付けをすると、1枚のスライドが1枚のふせんとだいたい同じサイズになります。私の

注37 2018年現在、私が一番気に入っているサービスは Scrapbox という Wiki 的なものです (https://scrapbox.io/)。自分の書いた文章のうち大事だと思う部分にマークをしておくと、将来別のマークをしようとしたときに、過去にマークしたものやページのタイトルが類似検索によってサジェストされ、それによって過去に自分が書いた文章に気付き、読み返しと改善がトリガされます。

注38 これは実話で、灘高校で講義をした内容を名古屋大学や首都大学東京で話してほしいとか、プログラミング言語 Python のカンファレンスである PyCon JP で基調講演した内容について、KJ法とU理論の話を追加して話してほしいとか、いろいろなリクエストがありました。

1時間の講演はだいたい100ページくらいスライドがあるので、印刷して1枚1枚切り取れば、即グループ編成をすることができます。その過程で、新しく思い付いたことがあればどんどんふせんを追加し、逆に「これは今回の聴衆には適当ではないな」と思ったふせんは脇に避けておくことができます。

しかしこの方法は、印刷した紙を切る作業がとても面倒です。また、ふせんと違って裏に糊が付いていないため、持ち運びに不便です。剥がせるスティックのりなども試してみましたが、あまりしっくりきませんでした。いずれ電子的な方法で置き換えたいと思っています。

電子化

私はスマートフォンで電子的に書き出し法をやり、その後PCのブラウザ上でKJ法をする、というプログラムを2013年に作りました。当時の私は、モニターが小さすぎて一覧性が低く、一覧性を担保するためには紙のほうがよいなと思い、使わなくなりました。また図を手軽に描けないことも問題だと感じました。

この本を執筆している2018年、ペン入力デバイスがだいぶ洗練されてきています。また、横70cm×縦40cmのサイズの液晶モニターがオフィス利用を想定した商品として販売されています。この画面サイズだと、私が普段使っているふせんならば、ぴったり並べて横14枚、縦10枚の140枚を貼ることができます。画面サイズがもう2倍程度大きくなれば、画面上でKJ法の空間配置をやることも現実的になるでしょう。

2013年に私が作ったプログラムは共同編集が可能なものでしたが、社内で実験してみた経験からすると、共同編集はあまり必要ないように思います。これは「考えをまとめる」プロセスは、個人の主観に基づいて個人の内面と対話しながら行うものだからでしょう。また「ふせんの配置」には言語化されていない情報が込められているため、他人が配置したものを別の人が見たときに配置の意図を理解できず、不用意に壊してしまうこともあります。ふせん配置を複数人で共有するなら、それを一緒に眺めながら編集するなどの方法で、緊密にコミュニケーションを取りながらやる必要があります。

まとめ

　本章では「考えがまとまらない」という悩みを解決するために、まず書き出して十分な情報があるかを確認し、それから書き出したものを机の上で物理的にまとめていく方法を学びました。この方法は、私が実際に書籍原稿や講演資料などを作るときに使っている方法で、執筆の生産性がかなり上がったと実感しています。

　この章の中でも、「書き出してから考えること」「書いたものをボトムアップでグループ編成すること」「グループをうまく要約した表札を付けること」の3つは、知的生産の重要なプロセスです。トップダウンに分類するのではなく、ボトムアップにグループ編成することがなぜ大事であるのか、原理原則をとても強調しました。

　この章で紹介した手法は、1964年に提案されたKJ法をベースに、1980年に販売開始された糊付きふせん紙を使い、社会人である私が2011年から2018年にかけて、本業の傍ら執筆をするという状況に合わせてカスタマイズしたものです。みなさんもこの本に書かれた手法を丸写ししようとするのではなく、原理を理解して、自分流にカスタマイズして使うとよいでしょう。

第 **6** 章

アイデアを思い付くには

ここまで、学び方や、やる気を維持するタスク管理、情報のインプット
と記憶の方法などを学んできました。本章では、アイデアをどうやって作
り出すのかについて説明します。

「知的生産」という言葉は「生産」という言葉が含まれているため、アウト
プットすることに意識が向きがちです。しかしアイデアはどうやって生ま
れるのかを掘り下げていくと、ここまでの章で解説したことがすべてつな
がってくることがわかります。

「アイデアを思い付く」は あいまいで大きなタスク

あなたは、明日までに新しいアイデアを思い付く必要があるとしましょ
う。あなたはまず何をするでしょうか？ 机に座ってうんうんとうなるでし
ょうか？

「アイデアを思い付く」というタスクは、達成条件が不明確で、かかる時
間の見積りが困難な大きなタスクです。「確実にアイデアを思い付く方法」
も存在しません。こういうタスクに対して「頑張る」という精神論で戦うの
は非効率です。

あいまいで大きなタスクとしてとらえるのではなく、分解しましょう。
分解してみると、計測や管理の可能なフェーズがあります[注1]。

アイデアを思い付く3つのフェーズ

古今東西、多くの本がアイデアがどうやって生まれてくるのかについて
議論をしてきました。私はそれらを以下の3つのフェーズにまとめて、畑
にたとえて紹介したいと思います。

❶耕すフェーズ
❷芽生えるフェーズ
❸育てるフェーズ

注1　第1章で達成条件が不明確なタスクの問題と対処を学びましたね。

耕す、芽生える、育てる

■ ── 耕すフェーズ

　耕すフェーズは、情報を集め、かき混ぜ、つながりを見いだそうとするフェーズです。情報を集める部分は、第5章で紹介した「ふせんを100枚作ろう」などのように、定量的なゴールを決めて進捗を測ることが可能です。

■ ── 芽生えるフェーズ

　芽生えるフェーズは、管理ができません。情報を寝かせて[注2]、アイデアが芽生えるのを待つことになります。締め切りまで時間がないなら、タイムリミットを決めて、そのタイムリミットまでに芽生えたもので残りのフェーズを進めることになります。

■ ── 育てるフェーズ

　育てるフェーズは、生まれたアイデアを磨き上げていくフェーズです。生まれたアイデアが有用なものであるかどうかは不明です。なので、有用であるかどうかを実験によって検証し、修正していくことが必要です。

先人の発想法

　それでは、この3つのフェーズを踏まえて、先人が考え出した新しいアイデアを生み出す方法を学んでいきましょう。この節ではJames Webb Youngの『アイデアのつくり方』[注3]、川喜田二郎の『発想法』、Otto Scharmerの『U理論』[注4]を比較します。

注2　第3章で見た、間隔を空けることによって記憶の定着が良くなること、第4章のWhole Mind Systemで見た、繰り返し高速に読む際に1晩の熟成の時間を挟むことが、この「寝かせる」と関連しています。
注3　James Webb Young著、今井茂雄訳、竹内均解説『アイデアのつくり方』CCCメディアハウス、1988年
注4　Otto Scharmer著、中土井僚／由佐美加子訳『U理論──過去や偏見にとらわれず、本当に必要な「変化」を生み出す技術』英治出版、2010年

■── Youngのアイデアの作り方

アイデアの作り方と言えば、James Webb Young（ジェームズ・W・ヤング）の『アイデアのつくり方』[注5]が古典的名著です。1940年に書かれたこの本は、広告代理店を営むYoungが「あなたはすばらしい広告のアイデアを作ってきたが、それはどうやって作ったのか」と質問されて、自分や周囲のアイデアマンを観察して書いた本です。

Youngはアイデアが生まれる過程を5つのフェーズに分類しました[注6]。

❶資料集め
❷資料の加工
❸努力の放棄
❹アイデアの誕生
❺アイデアのチェック

❷の「資料の加工」とは、アイデアを並べたり組み合わせたりして、関係性を見つける作業です。Youngは「アイデアは既存の要素の新しい組み合わせ」だと考えました。そして、既存の要素を組み合わせる能力は、物事の関連性を見つける能力に依存するところが大きい、と主張しました。

Youngは集めたデータを3インチ×5インチ[注7]のカードに書いたそうです。カードに書けば、上下左右に並べることで組み合わせのシミュレーションができるから、というのが理由です。これは第5章で解説したKJ法とよく似た考え方ですね。

Youngは、資料を集めるフェーズ（❶）と、それを加工するフェーズ（❷）を明確に分けました。しかし私の経験では、データの組み合わせを試行錯誤している最中に、情報の不足に気付いたり関係がありそうな本のことを思い出したりすることがよくあります。なので、私は❶と❷は何度も繰り返されると考えています。そこで、❶と❷を1つのフェーズにまとめて「耕すフェーズ」と呼ぶことにしました。Youngはデータの加工を咀嚼にたとえています。このたとえを使うと耕すフェーズは、口に物を入れて、かみくだいて飲み込み、また口に物を入れる、という繰り返しだと言えます[注8]。

注5　原題：James Webb Young, "A Technique for Producing Ideas", McGraw-Hill Education, 2003.
注6　Youngはシンプルな箇条書きで説明していないので、これは私が要約したものです。
注7　およそ76mm×127mmです。
注8　第4章ではFrancis Baconが本を食べ物にたとえて「よく噛んで消化すべきもの」と言ったことを紹介しました。よく似た考えですね。

❷の資料加工フェーズでは、2つのことが起きます。まず一つはアイデアを思い付くことです。Youngはこれを仮のアイデア、部分的なアイデアだと考え、どんなものであっても記録しておくべきだと主張しました。これはKJ法の最中に、思い付いたことは何でも追加するのと似ています。もう一つ起こることは絶望です。最終的に頭の中がごちゃごちゃになり、はっきりしたことを何も言えなくなって絶望する、とYoungは主張しました。

絶望するまで資料の加工をしたあと、努力を放棄して別のことをします。そうすると、予期しないタイミングでアイデアが誕生します。これが❸と❹です。私はこれを「芽生えるフェーズ」と呼ぶことにしました。「芽生えさせるフェーズ」ではなく「芽生えるフェーズ」なのが重要です。このフェーズは管理できず、努力によって促進することもできません。

最後の❺は、生まれたアイデアを磨き上げるフェーズです。アイデアは生まれ出たそのままの形で有効に働くことはほとんどありません。生まれたばかりの子どもは仕事ができないのと同じです。なので、現実の問題を解決するためのいろいろな条件に適合させるために、修正を繰り返す必要があります。これを私は「育てるフェーズ」と呼んでいます。

■——— 川喜田二郎の発想法

KJ法の考案者である川喜田二郎の『発想法』は、文化人類学者である川喜田二郎がフィールドワークによって集めた情報からいかにしてそれらを説明する理論を発想していくかについて語った本です。川喜田二郎はW型問題解決モデルを提案しました。

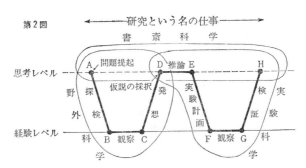

※前掲『発想法』(川喜田二郎著、中央公論新社) p.22より図の一部分を引用

川喜田二郎のW型問題解決モデル

これも同じようにステップに分けてみます。

❶問題提起

❷探検

❸観察

❹発想

❺仮説の採択

❻推論

❼実験計画

❽観察

❾検証

川喜田二郎は「実験科学の前に野外科学が必要だ」と主張しました。❶から❺までが野外科学、❻から❾が実験科学です。実験科学では仮説を実験によって検証します。そのためには、まず仮説を立てる必要があります。仮説とは、「こういうモデルで観測事実をうまく説明できるのではないか」というアイデアです。このアイデアを生み出すプロセスを川喜田二郎は野外科学と呼び、その方法論として探検学[注9]やKJ法を考案しました。

W型問題解決モデルでは、❸の観察によって情報を収集します。そしてその収集した情報を❹の発想でKJ法によってまとめあげ、その過程で仮説を思い付きます。KJ法はYoungの資料加工フェーズに相当します。情報を集めて加工する「耕すフェーズ」と、仮説を思い付く「芽生えるフェーズ」の境目は明確ではありません。川喜田二郎は、耕している間に芽生えてくるかのように解説しています。

仮説を思い付いたあとは、❻から❾の実験科学です。仮説が正しいかどうかを、実験で検証します。つまり、仮説をもとに、どういう実験をすれば仮説が検証できるかを考え、実験を行い、実験の結果を観察して、仮説が正しいかを検証します。実験結果が仮説を否定する場合は、仮説を修正する必要があります。仮説が現実を正しく説明するように、仮説の修正を繰り返していきます。これが育てるフェーズです。

注9　川喜田二郎はKJ法を教える過程で、その前段階の探検の方法をもっと掘り下げるべきだと考え、『「知」の探検学』を出版しました。

■──── Otto Scharmerの変化のパターン

　マサチューセッツ工科大学スローン経営大学院のOtto Scharmerは、「変化」が何によって起こるのかに興味を持ち、130人の革新的なリーダーにインタビューを行って、彼らの行動から共通のパターンを見いだしました。それが「U理論」です[注10]。

　彼は、7つのステップからなるU曲線モデルを提案しました[注11]。

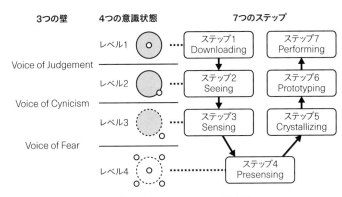

U曲線モデル

※前掲『U理論』(Otto Scharmer著、英治出版)の
　p.163, p.175, p.193, p.219, p.306, p.312を参考に、筆者西尾が再構成

❶ Downloading：思い込みにとらわれて外界を観察していない状態
❷ Seeing：外界を観察しているが、自分の既存の枠にしがみついて、他者の視点から情報を感じ取れていない状態
❸ Sensing：他者の視点から情報を感じ取り、自分の既存の枠が壊れたが、「自分」を手放していない状態
❹ Presensing：「自分」を手放し、未来の変化の可能性を見ている状態[注12]
❺ Crystallizing：アイデアが結晶化された状態
❻ Prototyping：試作品（プロトタイプ）が作られた状態
❼ Performing：アイデアが既存のシステムに組み込まれ、機能している状態

注10　「WEB+DB PRESS Vol.91」のコラム「視点を変えてみよう」最終回「変化のデザインパターン」で、U理論について最初に触れています。
注11　私の「耕す・芽生える・育てる」の図がU字型になっているのも、このモデルから発想を得ました。
注12　ステップ4については当初、「U理論」のp.215を参考に「自分しだいで現実になる変化の可能性を見ている状態」としていました。しかし翻訳者の中土井僚にレビューいただいたところ、ここだけ切り出すと「自分」という表現に違和感があるそうです。「U理論」ではこれに関連して「大きなSの自己(Self)」という言葉も出ており、この視点の変化を重要だと考えています。

U曲線モデルの各ステップは「行動」ではなく「状態」なので、ステップの間に「行動」があります。❶〜❹が耕すフェーズで、❹から❺へ移動するところが芽生えるフェーズ、❺〜❼が育てるフェーズです。

U理論は経営学の理論であるため、組織の変革が視野に入っていて、❸では他者との共感が必要な要素に挙がっていますね。ほかの2人の発想法と比べてU理論が独特なところです[注13]。

川喜田二郎はKJ法で、ふせんを自分の思い込みで分類するのではなく、ボトムアップでグループ化することで新しい構造を見いだそうとしました。これはU理論の、自分の既存の枠を壊す必要がある、という考え方とよく似ています。

■———芽生えは管理できない

先人の発想法を学んで、アイデアを思い付くタスクが、たくさんの細かいタスクで構成されていることがわかりました。その細かいタスクを私は「耕す」「芽生える」「育てる」という3つのフェーズに整理しました。

耕すフェーズと育てるフェーズはタスク管理が可能です。しかし、芽生えるフェーズは管理ができません。努力によって芽生えさせることはできませんし、待てば必ず芽生えるものでもありません。アイデアが芽生えるかどうかは運です。

なので、アイデアを生み出すことが必要な仕事をする場合、アイデアが芽生えないことを想定して計画を立てる必要があります。たとえば1週間後に新しいアイデアについてプレゼンをしないといけないとしましょう。良いアイデアが生まれることを前提として計画を立てると、計画どおりにアイデアが生まれなかったときに、締め切りのプレッシャーとアイデアを出さなければいけない焦燥感から強いストレスを感じることになります。そうではなく、耕すフェーズで仮の不完全なアイデアでもすべて記録しておき、予定期間内にアイデアが芽生えなかった場合はその不完全なアイデアで育てるフェーズに進むように計画しましょう。不完全なアイデアでプレゼン資料を作りはじめるのです。

良いアイデアが芽生える確率を少しでも高めるために、耕すことにしっかり時間を使いましょう。また、アイデアが芽生えるのを待って時間を使

注13　経営学者の野中郁次郎は、PDCAサイクルを回す前に共同化（*Socialization*）が必要だ、と主張しました。これは、他人と同じ場で共通の体験をすることで、明確に言語化できない情報を共有することです。これもU曲線モデルに関連しています。

い尽くすと、アイデアを育てる時間がなくなります。育てる時間を事前に
きちんと確保しましょう。締め切りから育てるのに必要な時間を引いて、
いつまで芽生えを待てるのか自分で締め切りを決めるのです。管理できる
ところを管理し、管理できないものは管理しない、これが良いアイデアを
生むための最大限の努力です。

まずは情報を収集する

各フェーズについて詳しく見ていきましょう。耕すフェーズの最初の一
歩は、情報を収集することです。川喜田二郎は著書『「知」の探検学』で、自
分自身からの情報収集である内部探検と、他人や書籍からの情報収集であ
る外部探検の2つに分けて解説しました[注14]。

外部探検として他人に聞く方法は、この本では解説しません。私がこの
件に関して語れるほどの経験をしていないからです。私が他人の話を聞く
ときは、自分のアイデアがすでにある状態で、それを話して反応を観察し
ています。これは耕すフェーズではなく、育てるフェーズです。

たとえば商品開発のために顧客候補に聞き取り調査を行う仕事や、有名
人のインタビュー記事を書く仕事では、自分の考えにこだわらず、他人の
語りを促し、自分勝手な解釈をせずに書き留めることが必要になります。
このときに「きっとこうだろう」という自分のアイデアを持つと、それが先
入観となり、無意識に相手の話を歪めてしまいます。この種の仕事には、
アイデアを持つことを避ける難しさがあります。

自分の中の探検

先入観を持たずに他人の話を聞くことは難しいので、まずは自分の話を
聞くことから練習してみましょう。自分はどう思っているのか、きちんと
聞いてみましょう。

Youngは、資料を特殊資料と一般的資料に分類しました。特殊資料とは、

注14　書籍を読む方法については第4章で解説しました。

今解決したい問題について特化した資料です。たとえば彼は広告業を営んでいたので、石鹸の広告を例にしましょう。その商品の石鹸はどういう特徴を持っているのか、その石鹸を売る相手として想定している顧客はどういう特徴を持っているのか、これらの資料が特殊資料です[注15]。

何が特殊資料なのかは、みなさんの置かれた環境や解く問題によって異なります。しかし、自分の身近な課題を解決したい場合、問題特化の情報を見つける手段として、自分が有効な可能性が高いです。正解が自分の外にあると思い込んで自分の外ばかりを探検するのではなく、自分に目を向けること、自分を一人のインタビュー対象として尊重し、主観的にどう思っているのかをきちんと聞いてあげる必要があります。

言語化を促す方法

自分の中から情報を引き出すためには、まだ言語化されていないものの言語化を促すことが大事です。言語化して紙に書けば、それはつかんで動かすことができます。そうせずに頭の中だけで考えていたのでは、つかみどころのないあやふやな状態に気付かないまま進んでしまったりします。

物理化学者で哲学者のMichael Polanyiは、人は語れる以上のことを知っている、と考えました。氷山が、海の上に出ている部分がごく一部で、海の下に大部分の体積があることに似ています。

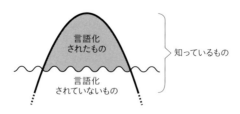

言語化されたものは氷山の一角、ごく一部に過ぎない

言語化とは、海の下にある「まだ言語化できていないこと」を、海の上に取り出すことです。どうすれば言語化を促すことができるでしょうか?

注15　一般的資料は逆に、解決したい問題とは無関係な資料です。日々好奇心を持っていろいろな分野の知識を収集しておき、いざ何かの問題を解決しようというタイミングで、その問題に明らかに関係がある特殊資料と、一見関係がないように見える一般的資料を組み合わせて、新しいアイデアを生み出すのです。

■── 質問によるトリガ

　質問は言語化を促します。この原理を応用したのが、フレームワークです。フレームワークは質問の束です。たとえば『リーン・スタートアップ』[注16]では、プロダクトを作りはじめる前に、以下のような価値仮説シートを埋めることを提案しています。

価値仮説シート

（ユーザー）＿＿＿＿＿は、（欲求）＿＿＿＿＿＿たいが、（課題）＿＿＿＿＿なので、
（製品の特徴）＿＿＿＿＿に価値がある。

価値仮説シート

　これの空欄を埋めようとすることで、「このプロダクトはどういうユーザーを想定しているものなのか？」「そのユーザーはどういう欲求を持っているのか？」「その欲求を満たすうえでどういう課題があるのか？」「製品のどういう特徴がその課題を解決するのか？」と自分に問いかけることになります。

■── フレームワークのメリットとデメリット

　フレームワークは盲点を埋めることに有益です。空欄を埋められないことで、今まで考えていなかったことに気付かされます。

　一方で、フレームワークはそれ自体が既存の固定化した思考の枠です。

　U曲線モデルをもう一度見てみましょう。Downloading状態は、思い込みの枠にとらわれて、枠にこもって外界を観察していない状態です。小さい丸で表現された自分の視点が、大きな丸で表現された思い込みの枠の中にこもっています。

　Seeing状態は外界を観察しているが、思い込みの枠を手放さず、新しい情報を受け入れていない状態です。視点が枠の端まで移動し、外界を観察しているわけです。しかし、枠はまだ手放していません。

　Sensing状態は、新しい視点の情報を受け入れ、枠がゆらぎはじめたものの、手放すことに恐怖を感じている状態です[注17]。視点が枠の外に移動し、

注16　Eric Ries著、井口耕二訳、伊藤穰一解説『リーン・スタートアップ──ムダのない起業プロセスでイノベーションを生みだす』日経BP社、2012年

注17　私はVoice of Fearを「枠を手放すことに対する恐怖の声」と解釈してこの文章を書きました。一方「U理論」の翻訳者、中土井僚から「レベル3ではすでに枠は手放しており、ここで手放すことを恐れているのはアイデンティティだ」というフィードバックをいただいております。この指摘に私は納得しましたが、この節を書きなおすことが難しいことと、この節ではレベル1から3へ進むことにフォーカスして解説していることから、ここを整合させるのは未来の私への宿題とさせてください。

枠がゆらいで点線に変わっています注18。

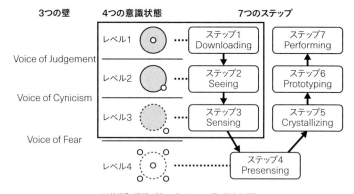

※前掲『U理論』(Otto Scharmer著、英治出版)の
　p.163, p.175, p.193, p.219, p.306, p.312を参考に、筆者西尾が再構成

枠を手放すまでの3段階

　本当に新しいものは、既存の枠の外にあります。ですが、フレームワークを全部埋めただけで、検討すべきものをすべて検討したような気持ちになってしまいがちです。これはフレームワークという思い込みにとらわれて外界をきちんと観察していないDownloading状態です。フレームワークが新しい盲点を作るのです。思い込みを捨てて観察することが必要です。

　次に、外界を観察して得た情報を、フレームワークに当てはめて整理しようとし、うまくはまらなかった情報を捨ててしまう人がいます。これは、フレームワークという既存の枠に収まらない情報を受け入れていないSeeing状態です。その情報こそ、新しいものを生み出すうえで重要な情報かもしれません。捨てるなんてもったいないです。

　そうやって枠に収まらない情報が増えていったときに、いつかフレームワークを使わない選択が必要になります。しかし、これを怖がる人がいます。これは枠を手放すことに恐怖を感じているSensing状態です。今までフレームワークが有効に機能していればいるほど、それを手放すことに恐れを感じます。

　フレームワークは習慣性のある薬のようなものです。適切なタイミング

注18　本題とは無関係ですが、レベル4の図が何を表現しているのか気になる人もいるでしょうから私の解釈を解説します。レベル1〜3は、視点の位置が変わっていくものの、1人の個人の視点です。一方で実際の社会は複数の人がそれぞれ異なる視点を持っています。異なる視点を持つ複数の人が相互作用をするシステムとして世界をとらえる視点は、その構成要素であるどの個人の視点とも異なっています。これがレベル4の視点です。

で少しだけ使えばとても有効ですが、乱用し継続的に使用し続けると有害になります。

これは第2章で学んだ探索と利用のトレードオフとも関係があります。既存のうまく機能したパターンを繰り返し利用すると、短期的には効率が良いです。一方でそれを繰り返していると、新しいものの探索ができません。探索と利用のバランスが重要です。川喜田二郎は著書『創造性とは何か』[注19]の中で、保守と創造を半々にすることが大事だと解説しました。これも似たコンセプトですね。

■── 創造は主観的

バランスを取ることの重要性は、個人の意思決定に関しては納得しやすいです。しかしこれが組織の意思決定になると、新しいことをやって失敗の責任を取りたくないという集団的リスク回避によって、保守的な選択肢が選ばれやすくなります。たとえば新しいアイデアについて、納得できる説明をするよう求められることもあるでしょう。

新しいものの創造は主観的です。客観的な、人々がすでに論理的に納得しているものは、創造的ではありません。なので、客観的に説明できることを制約条件に入れてしまうと、「すでにあるもの」からあまり遠くない解だけになってしまいます。

みなさんが新しいものを生み出したいなら、たとえ周囲から客観的な説明を求められても、耕し、芽生えを待つフェーズではまず主観的に考える必要があります。芽生えてから、それを育てるフェーズで、事後的に客観的な説明をひねり出すのです。主観的になること、既存の枠を壊すこと、これが保守に偏りがちな判断をより創造的にするために必要なことです。

身体感覚

主観的になることとよく似ているのが、個人の経験や身体感覚に注目することです。逆を考えてみましょう。具体的な経験や身体感覚を伴わない、抽象的な概念を扱うことはよくあります。自分が「抽象概念を扱っている」と自覚することなく使っていることも多いでしょう。

ノーベル物理学賞の受賞者Richard Phillips Feynman（ファインマン）の

注19　川喜田二郎著『創造性とは何か』祥伝社、2010年

伝記によれば、ある人が「靴底が減るのは、地面との摩擦のせいだ」と言ったことに対して、ファインマンは「摩擦とは何ですか？」と問い返したそうです。あなたならどう答えますか？

答えられないなら、あなたにとって「摩擦」は桜の枝を切り取ってきたような、根のない知識です。言葉は、その意味を理解しないままでも記号として使うことができます。意味を理解しているかどうかは、その言葉を使わないで解説できるかどうかで実験できます。たとえば「靴底が減るのは、地面のちいさなでこぼこが靴底を削り取るからだ」[注20]などと答えられるなら、それは摩擦という概念が具体的なイメージによって支えられているのです[注21]。

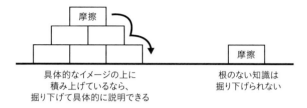

積み上げた知識と根のない知識

抽象概念と言うと、学術用語などを思い浮かべる人が多いかもしれません。しかし、身体感覚を伴うかどうかという視点で見ると、かなり多く場合が抽象概念です。たとえば「鳥の声」とは何でしょうか？ 鳥の声を自分が聞いているところを思い浮かべてみてください。可能ならば周囲の人に同じ質問をして、回答が自分とどう違うか比べてみてください。

「鳥の声」と言われて、明け方にスズメがチュンチュンとなくところを思い浮かべる人もいれば、秋の夕焼けとカラスのカーという声を思い浮かべる人もいます。ニワトリのコケコッコーや、自分の飼っているジュウシマツの声を思い浮かべる人もいるでしょう。

今あなたがチームでソフトウェアを開発していて、メンバーの一人が通知音を鳥の声にしようと提案したとします。あなたは賛成ですか？ 反対ですか？

「鳥の声」という抽象概念がどういう音を表現しているのか、あなたにはわかりません。この状態で「鳥の声」の良し悪しを議論しても生産的ではな

注20　この解説は『ファインマンさんベストエッセイ』収録の「科学とは何か」に書かれています。
　　　Richard Phillips Feynman 著、大貫昌子／江沢洋訳『ファインマンさんベストエッセイ』岩波書店、2001年
注21　第1章では、ピラミッドの頂上の箱を取ってきても同じ高さに置くことはできず、地面に落ちてしまうというたとえ話をしましたね。

いでしょう。まず抽象概念を、彼が具体的に聞いている身体感覚に近付けていく必要があります注22。

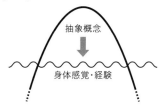

「言語化されていない身体感覚・生の経験」に近付ける

■─── 絵に描いてみる

具体的な身体感覚に近付ける方法として、絵を描く方法があります。

私は複数のデザイナーに「創造性とは何か？」を絵に描いてもらう実験を行ったことがあります。もちろん「創造性」は抽象概念です。しかも物理的な形を持たないので、模写することもできません。絵に描くためには、「創造性」を「見る」ことが必要になります。つまり抽象概念を身体感覚へ近付ける作業です注23。

そのときに書かれた絵をいくつか紹介します。次の図は、創造性を植物にたとえています。頭の中で種が発芽し、それが大きく育って、果実を付ける、というイメージです。

創造性を植物にたとえる

注22　数学は、物理的な実体や身体感覚とは遠い概念を扱う学問です。なので、この分野では身体感覚に近付けることは間違いの元だとして批判されます。その代わりに、定理を満たす具体的な実例を自分で作ったり、定理の一部を書き換えて定理が成立しなくなることを示す具体的な反例を見つけたり、という具体化が行われます。

注23　第5章で図解から文章へとフォーマットを変更することで視点が変わり、盲点に気付く機会になることを解説しました。絵で描こうとすることもフォーマット変更の一種であり、よく似た効果があります。

次の図は、私を盲点に気付かせてくれました。私がこの実験を開始したときは、個人の創造性のことしか考えていませんでした。この絵を描いたデザイナーは、複数人のチームで起こる核融合のようなものが創造性だと考えたわけです[注24]。

創造性を核融合にたとえる

たとえ話・メタファ・アナロジー

物理的に形を持たない抽象概念を身体感覚に落としていくと、たとえ話が生まれることがよくあります。抽象概念が現実に形を持たないので、現実に存在する別のものにたとえるわけです。たとえ話は、水面下のまだ言語化されていない身体感覚や経験が、言葉を一般的でない使い方をすることでかろうじて言語化されたもの、ととらえることができます。

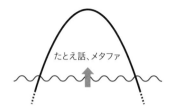

水面から上がってくるたとえ話・メタファ

先ほどの創造性を絵に描く実験では、植物のたとえや、核融合のたとえ

注24 今の私は、アイデアの芽生えは個人の中で起こり、それを育てるフェーズで他人が有用になるのだと考えています。また情報を収集して耕すフェーズでも、自分の持っていない新しい情報を手に入れるために他人が有用です。

が出てきました。Youngも、アイデア創造のプロセスをサンゴ礁にたとえ
ました。青い海原に突如として美しいサンゴ礁が現れるように、アイデア
も唐突に現れます。しかしそのサンゴ礁は、海の中で無数の小さなサンゴ
虫が活動することで作られています。アイデアも同じように、意識下で進
行する活動の最後の結実なのではないか、というわけです。

　たとえ話は、メタファ、アナロジーなどと呼ばれることもあります[注25]。

　アナロジーは、似ているものを対応付けることです。Youngは、アイデ
ア創造のプロセスをサンゴ礁のアナロジーで考えました。私は本章で、ア
イデア創造のプロセスを畑作業のアナロジーで考えています。たとえ話は、
伝えたい内容を、アナロジーで似たものに対応付けて説明することです。

　アナロジーは、アイデアを生み出す一般的な方法です。ハンブルク工科
大学のKatharina Kalogerakisらはデザインやエンジニアリングのコンサル
ティング企業のプロジェクトリーダー16人にインタビューを行い、うち12
人が頻繁にアナロジーを使うことを確認しました。また、たとえば工業製
品と自然界に存在する物の間のアナロジーのように、遠い分野のアナロジ
ーが行われたときには、製品の新規性が高くなることがわかりました[注26]。

■──── NM法とアナロジー

　中山正和のNM法では、アナロジーを積極的に使います。たとえば「売上
を上げたい」という課題について考えるときに、「上げる」というキーワード
に対して、まず「何のように上げる？」と問います。それに対して、たとえ
ば「たこあげ大会のたこのように上げる」と答えます。まず「売上」と「たこ」
の間にアナロジーを見いだしているわけです。

　次に、その「たこ」があるメタファの空間で起きることを考えます。たと
えばたこは風がやむと落ちてしまいますね。最後に、その「たこは風がやむ
と落ちてしまう」を「売上を上げたい」という課題の空間に引き戻すと、何に
対応するかを考えます。「市場自体に注目があると売上が上がるけど、注目
されなくなると売れなくなるということかな？」というようにです。この作

注25　メタファ（隠喩）は、厳密にはたとえ話であることを明示しないたとえ話のことです。「アイデアを温
　　　める」は隠喩で、「アイデアは卵のようだ。生み出された当初は動かないが、温めることでヒナにな
　　　り、自分で動き始める」は直喩ですが、本章での話にこの区別は重要ではないので「たとえ話＝メタ
　　　ファ」だと思ってもかまいません。

注26　Katharina Kalogerakis, Christian Lüthje and Cornelius Herstatt. (2010). "Developing innovations
　　　based on analogies: experience from design and engineering consultants". *Journal of Product
　　　Innovation Management*, 27(3), 418-436.

業で「売上＝たこ」「市場への注目＝風」という対応付けが生み出されました[注27]。

発想はさらに発展します。「でも、風がやんでも飛び続けるたこもあるな？ あれはなぜ落ちないのだろう？ 地表付近での風がやんでも、上空では風が吹き続けているからか？ それを今の課題に引き戻すとどういうことだ？ 一定以上に売上を上げれば、その売上によって注目が維持されるのか？」というようにです。

こうやって生まれてくるアイデアの断片は客観的ではないですが、断片をいくつも出していくうちに何か有用なアイデアが生まれそうな気配を感じていただけたでしょうか？[注28]

あらためて整理すると、NM法は以下の4つのステップで、課題に対して新しい発想を出そうとします。

❶課題からキーワードを選ぶ
❷キーワードを別の空間（メタファの空間）に対応付ける（アナロジー）
❸メタファの空間で連想する
❹連想したものを課題の空間に引き戻す

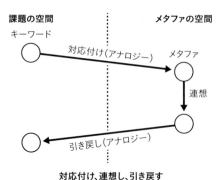

対応付け、連想し、引き戻す

私は、これをベクトルと複素数の対応付けに似ていると思いました。高校の数学で、ベクトルを複素数に対応付けて、複素数の空間でかけ算をし、できた新しい複素数をもう一度ベクトルに戻す、という操作を行ったこと

注27　おさらい：Youngは、アイデアは既存の要素の新しい組み合わせであり、組み合わせる能力は物事の関連性を見つける能力に依存する、と考えました。
注28　個人的には「市場の注目」は明らかに抽象概念なので、そこを身体感覚に下したり、メタファに変えたりしたいですが、話が発散するのでここで終わりにしておきます。

がある人は多いでしょう。複素数の空間でのかけ算は、ベクトルの空間に戻すと回転になっています。

　空間によってやりやすいことには差があります。高校数学の範囲では、ベクトルを回転するよりも複素数をかけ算することのほうが簡単でした。アイデアの創造に関しては、抽象的な課題の空間よりも、具体的なメタファの空間のほうが、連想による発展をしやすいです。それは今までの人生で見聞きした経験を活用できるからです。

　たこあげをしたことのない文化圏の人をイメージしてみましょう。「売上をたこあげのように上げる」と言っても、たこあげって何だろうかと思うだけで新しい発想は生まれません。つまり、アナロジーは個人のこれまでの経験によって機能する、主観的な道具なのです。

■────Clean LanguageとSymbolic Modelling

　カウンセリング心理学者のDavid Groveが作り出したClean Language、およびその派生であるSymbolic Modelling[注29]は、相手からメタファを引き出すことを目的とした方法論です[注30]。この手法は直接的には他人を相手とした手法ですが、参考になる概念がいくつかあります。本章での「抽象概念、身体感覚、メタファ」という3分類は彼らの主張を参考にしました。

　彼らは、相手の中にあるメタファをなるべく歪めずに引き出すために、「前提を含まない質問」（クリーンな質問）を整備しようと考えました。彼らの定式化した基本5質問が以下です。

❶そのXはどんな種類のXですか？

❷そのXについて、ほかに何かありますか？

❸そのXはどこにありますか？

❹そのXはどのあたりにありますか？

❺そのXは何のようですか？

　❶と❷が特に重要です。たとえば相手が「鳥の声」と言ったときに「その鳥の声は、どんな種類の鳥の声ですか？」と掘り下げて聞いて「ジュウシマツの声」と返事があれば、抽象概念だった「鳥の声」が少し具体的なメタファに近付くわけです。掘り下げるだけだと視野がどんどん狭くなっていくので、

注29　Modellingのlを重ねるのは原著どおりの表記を採用しました。

注30　James Lawley and Penny Tompkins, "Metaphors in Mind: Transformation through Symbolic Modelling". Crown House Pub Ltd, Reprint edition, 2000.

「そのジュウシマツについて、ほかに何かありますか？」と視野を広げさせると、たとえば「実家で飼っているんだ」という周辺情報が出てきたりします。「鳥の声」と「実家で飼っているジュウシマツの声」ではメタファの詳細さが全然違いますね。

❸と❹はほぼ同じことを聞いています[注31]。彼らはメタファの位置を重視しました。❺はダイレクトにメタファを聞き出す質問です。

私には、❸や❹の問いには「Xは抽象的な存在ではなく、一定の場所を占める具体的存在である」という前提が入っているように見えます。これは場所を考えさせることによって抽象概念からメタファへの変化を促す質問なのでしょう。

たとえば「創造性」は明らかに抽象概念です。あえて聞いてみましょう。あなたの創造性はどこにありますか？ 少し考えてみてください。

頭だという人もいるでしょうし、指先だという人もいるでしょう。個人的なメタファなので、人によって違っていて当たり前です。

私の場合は、創造性は加工装置のようなもので、頭の後ろ半分にあります。水のような情報を眉間から吸い込み、フィルタでゴミをふるい分けたあとで、頭の後ろ半分で加工して、口や手から出します。その過程で、特に選りすぐりの良い水だけが腹のほうにぽたりぽたりと落ちていって、そこにたまってきれいな湖を作ります。その湖には一輪のきれいな花が、じっくり時間をかけて育ち咲きます。このきれいな花を多くの人に届けることが、私はとても重要だと思っています。

ということは、腹に2つ目の創造性がありますね。大量の情報をさばく機械的な創造性と、時間をかけてゆっくり育てる植物的な創造性の2つがある、と私は考えているようです。メタファを発展させることで、私の創造性に対する考えが言語化されました[注32]。

この基本5質問でメタファが生まれ、明確化されます。この明確化されたメタファをSymbolic Modellingでは「シンボル」と呼びました。シンボルの時間軸上での変化や、シンボルの間の関係を明確化していくことで「シンボルを使って作られたモデル」ができるわけです。

シンボルの時間軸上での変化を明らかにしていく質問は以下のとおりです。

注31 英語では "And where is X?" と "And whereabouts X?" です。どこにあるかと聞いて場所が明確に出てこないケースでも、どのあたりにあるかは言えるケースがあるので両方書かれているのでしょう。

注32 日本語には「腹に落ちる＝納得する」という慣用表現がありますね。

- それから何が起こりますか？
- 次に何が起こりますか？
- そのすぐ前には何が起きますか？
- それはどこから来るのですか？

　たとえばクライアントが「情報は水のようなもので、眉間から吸い込むんです」と言ったなら、それに対して「それから何が起こりますか」と問うことで、メタファが発展します。「水はどこから来るのですか？」も良さそうです。
　シンボルの関係を明らかにしていく質問は以下のとおりです。

- XとYはどういう関係ですか？
- XとYは同じですか？　違いますか？
- XとYの間には何がありますか？
- （Xが出来事のとき）Xが起きたとき、Yには何が起こりますか？

　「NM法とアナロジー」（195ページ）の売上とたこあげのアナロジーでは、「たこ」と「風」というメタファが登場していました。たとえば、「たこと風はどういう関係ですか？」とか、「あなたとたこの間には何がありますか？」という問いでメタファが発展します[33]。
　ここではいくつかの代表的な質問文を紹介しましたが、これに質問が限られるわけではありません。たとえば相手が「Xが動いている」と言ったなら「どの方向に動いていますか？」という質問が具体化に有効ですし、「離れている」と言ったなら「どれくらい離れていますか」という質問が有効です[34]。
　先ほどの私の創造性に関する回答は、加工装置、水、フィルタ、湖、花、という5つのシンボルが登場するかなり発展したモデルでした。こういう発展したモデルを最初から思い付くわけではなく、質問を繰り返してシンボルの位置や特徴や関係を明確化していくことで、徐々に発展するのです。
　こうやって作られるシンボルのモデルは、個人的なメタファなので、そのままでは人に伝わりません。本章の冒頭でいきなり「あなたの湖に咲く花

注33　関係以外の質問としては「そのたこはどんな種類のたこですか？」や「風はどこから来るのですか？」も有用そうです。

注34　「動いている」と人が言うときに、手の動きなどのジェスチャで表現することも多々あります。ジェスチャは抽象概念を具体的なメタファに下していくうえでかなりメタファに近いところにあるので、Symbolic Modellingの訓練ではこのジェスチャに注目します。この本では詳しくは説明しませんが、一つ重要なポイントは相手の一人称視点を維持することです。相手が自分の頭の上にある仮想の物を指差した場合、あなたは自分の頭の上を指差すのではなく、相手の頭の上にある物を指差すわけです。

が〜」と説明していたら、みなさんはよくわからないですよね[注35]。

本章の冒頭では次のように書きました。

「アイデアは生まれ出たそのままの形で有効に働くことはほとんどありません。生まれたばかりの子どもは仕事ができないのと同じです。なので、現実の問題を解決するためのいろいろな条件に適合させるために、修正を繰り返す必要があります。」

個人的なメタファも、生まれた出たそのままの形では有効に働きません。なので他人に伝わる形に修正を繰り返す必要があります。花の植物的成長のイメージや、咲くのに時間がかかっていつ咲くのかわからないイメージが、「耕す、芽生える、育てる」の3フェーズや、芽生えがコントロールできないという説明になったわけです。

まだ言葉になっていないもの

ここまで、言葉にできているものとできていないものを氷山にたとえて、抽象概念から身体感覚、メタファへと掘り下げ、水面に近付いてきました。水面に一番近いものは何でしょうか？　私は違和感だと考えています。この節では暗黙知の概念と、それとコインの裏表の関係である違和感について解説します。

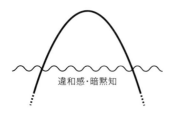

水面の下すぐにある違和感と暗黙知

注35　2018年の執筆時点では仮想現実（Virtual Reality, VR）の空間に入るためのヘッドマウントディスプレイが安価になり、仮想空間に複数人で入ってコミュニケーションを取ることが現実的になってきました。いずれ複数人でメタファ空間を共有しながら話し合い、その場で空間に新しいシンボルを生み出して、モデルを発展させていくことができるようになるかもしれませんね。

■――― 暗黙知：解決に近付いている感覚

Michael Polanyiは、問題の解決に迫りつつあることを感知する感覚を「暗黙知」(*tacit knowing*) と呼びました。人間には、問題の解決に近付いているか、近付いていないかを感知する非言語的能力があり、それがいまだ発見されていない言語的な知識を発見するために活用されている、という主張です。

この主張の背景には、独創的な発見がいかにして起こるのかの考察があります。独創的な発見は、ほかの多くの人がそこにあると思わなかったものを発見することです。逆に考えれば、多くの人がそこにあると思うものを発見しても、独創的ではありません。

哲学者Plato（プラトン）は著書『メノン』注36の中で、もし何を探し求めているかわかっているなら問題は存在しないし、もし何を探し求めているかわかっていないなら何かを発見することは期待できない、と記しました。知識の探索は、行方不明の財布を家の中から探し出すのとは違います。見つけたいものが何であるのかが明確に言語化できたら、それはもう答えを手に入れているのです注37。

私は、「何を探し求めているかわかっていないなら何かを発見することは期待できない」は少し言葉足らずだと思います。既存の要素を無作為に変化させたり組み合わせたりして、それが機能するかどうかを検証するというサイクルを繰り返すことでも、新しいものを発見できます。生命は40億年ほど前に誕生し、無作為な変化と「機能するか＝子孫を作ることができるか」という検証を繰り返して、多様な新しい形の生物を生み出しました。知性がなくても、新しいものを生み出すことは可能なのです。ただし、膨大な回数の試行錯誤が必要です。

人間の知性は、もっと効率良く新しいものを生み出しているように見えます。これはなぜなのでしょう？ Polanyiはそれを「問題の解決に近付いている感覚」があるからだ、と考えました。人間は問題の解決に近付いているか近付いていないかを感じることができ、その結果、無作為な探索よりも効率良く新しいものを発見できるというわけです。

この「問題の解決に近付いている感覚」を表現する良い言葉を私は発見できませんでした。Polanyiの提案したtacit knowingの訳語は「暗黙知」です

注36　Plato著、藤沢令夫訳『メノン』岩波書店、1994年
注37　『メノン』の中で、Socrates（ソクラテス）とMeno（メノ）の対話が描かれている中での、Menoの発言として記されています。「メノンのパラドックス」または「探求のパラドックス」と呼ばれます。

が、現在「問題の解決に近付いているかどうかを感じる感覚」と「まだ言語化されていない経験的知識」の2通りの意味があり、後者の意味にとらえている人が多いように思います。

Column

二種類の暗黙知

暗黙知という言葉の意味についての議論は、抽象的すぎて、あまりみなさんの知的生産性の向上につながらないと思います。しかし気になる人が多いようですのでコラムの形で説明しておきます。

Polanyi が 1958 年に著書『個人的知識』[注1]で、今で言う暗黙知の概念を提案したとき、かれは tacit knowing と tacit knowledge の両方の表現を使いました。日本語では knowing も knowledge も「知」と訳されるので、この 2 つの区別が難しいです。柔らかく訳せば「暗に知ること」と「暗に知っていること」の違いでしょう。

『個人的知識』のサブタイトルは『脱批判哲学をめざして』というものでした。「批判哲学」とは何なのかを掘り下げましょう。René Descartes（デカルト）が 1644 年に著書『哲学の原理』[注2]で方法的懐疑を提案して以来、西洋哲学では「当たり前だと思っていることを疑っていく」という言語的な思考プロセスが重視されてきました。Immanuel Kant（カント）は、この疑うこと（批判）こそが哲学の最も重要なタスクであると考え、批判という言葉を掲げた書籍『純粋理性批判』『実践理性批判』『判断力批判』を 1781～1790 年に出版します。Polanyi の著書の題に書かれた「批判哲学」とは、これを指すものです。

Polanyi は明示的で言語的な「批判」だけによって新しいものが生み出されるわけではないと考えました。1966 年の『暗黙知の次元』[注3]（原題 "The Tacit Dimension"）は、明示的で言語的な次元とは別の、暗黙的で非言語的な次元について語られたものです。この本では「暗黙知は、いつかは発見されるだろうが今のところは隠れている何かを、暗に感知することにある。」(p.48)「解決へと迫りつつあることを感知する自らの感覚」(p.50)という表現をしています。

Polanyi は主に科学的発見のプロセスを想定していました。なので、彼の考えは Descartes や Kant の考えと対立するものではなく、仮説を立てて実

注1　Michael Polanyi 著、長尾史郎訳『個人的知識──脱批判哲学をめざして』ハーベスト社、1986 年

注2　René Descartes 著、桂寿一訳『哲学の原理』岩波書店、1964 年

注3　Michael Polanyi 著、高橋勇夫訳『暗黙知の次元』筑摩書房、2003 年

験することによって知識が得られる科学と、実験ができない哲学の、分野の性質の違いによるものでしょう。

経営学者の野中郁次郎は、1996年に著書『知識創造企業』[注4]で、Polanyiの考えを踏まえて知識を暗黙知と形式知に分け、これに知識が個人に存在するのか組織に存在するのかの次元を加えて、組織内での知識創造について議論しました。Polanyiの関心は科学者個人の知識創造でしたが、野中郁次郎の関心は組織内での知識創造です。

野中郁次郎は知識を作り出すのは組織ではなく個人であり、個人の知識創造が、組織内の社会的相互作用によって促進されると考えました。そして次の4つの知識変換モードを提案しました。頭文字をとってSECIモデルと呼ばれます。

- 個人の暗黙知を組織の暗黙知にする「共同化」(Socialization)
- 暗黙知を形式知に変換する「表出化」(Externalization)
- 個別の形式知を体系的な形式知にする「連結化」(Combination)
- 形式知を暗黙知に変換する「内面化」(Internalization)

この文脈で「暗黙知」という言葉は、表出化によって形式知に変換されうるものを指しています。いわば「まだ言語化されていない経験的知識」です。これはPolanyiの「問題の解決に近付いているかどうかを感じる感覚」とは違うように思えます。一方、その感覚は経験的に獲得されたものではないか、だからPolanyiの暗黙知は野中郁次郎の暗黙知の一部なのではないか、という主張もあります。

私の個人的な感覚では、この2つの用法を同一視したり、包含させようとしたりしないほうが問題の解決に近付くだろうと感じています。

注4　野中郁次郎／竹内弘高著、梅本勝博訳『知識創造企業』東洋経済新報社、1996年

■─── 違和感は重要な兆候

私は、「問題の解決に近付いている感覚」を表現する良い言葉が見つけられませんでした。一方、逆の「問題の解決から遠ざかっている感覚」には「違和感」というちょうど良い言葉があります。「なんだか違う、なぜ違うのかはうまく言えないけど」という感覚です。

プログラマーの間では、ソースコードに何か問題がありそうだという感覚を「コードが臭う」と表現することがあります。これも「何がおかしいのかはうまく言えないが、ソースコードがなんだか良くない状態になっている」

ということを「臭い」という身体感覚にたとえた表現です[注38]。

　みなさんも、このような「違和感」を経験したことがあるかと思います。しかし、理由を言語化できていないため、何か劣ったもののようにとらえて、軽視している人が多いのではないでしょうか。しかし、むしろ逆で、違和感はまだ理由が言語化できていない、言語化されるべきものがそこにあるという、重要な兆候だととらえたほうがよいでしょう。

■── Thinking At the Edge：まだ言葉にならないところ

　Thinking At the Edge（TAE）は、まだうまく言葉にできていない、しかし重要だと感じるものを言語化させる方法論です[注39]。違和感に注目して言語化を進めていくのがTAEの興味深い特徴です[注40]。

　TAEは14ステップからなる複雑な方法論なのでここでは詳細には説明しません。この手法を開発した哲学者Eugene T. Gendlinらは、「まだうまく言葉にできていない、しかし重要だと感じる、身体的な感覚」を「フェルトセンス」という名前で呼んでいて、便利なのでこの本でも採用することにします。

　TAEは、フェルトセンスを表現するために、思い付く単語を書き出してみたり、その単語を使って短文を作ってみたり、と徐々に言語化を進めていきます。短文は最初からフェルトセンスを正確には表現できません。しかし仮に書いてみて、フェルトセンスと照らし合わせることで、違和感がより明確になります。

■── 辞書との照合

　私が特に興味深いと感じたのは、辞書を使うステップです。短文の中の重要そうなキーワードを辞書で引き、辞書の説明と自分が言いたかったことを比較します。短文に書かれている単語は、自分の中のうまく表現できないフェルトセンスに仮に当てた単語なので、辞書の説明と比較すると多くの場合何らかの食い違いがあります。その食い違い、つまり違和感に注目します。

　たとえば、私は「頭の中に歯車があって、ときどき高速に空回りする。この状態でほかの歯車とかみわせると歯が欠けてしまうから速度を落とす必

注38　出版物としては、Martin Fowlerの『リファクタリング』で言及されています。
　　　Martin Fowler著、児玉公信／友野晶夫／平澤章／梅澤真史翻訳『新装版 リファクタリング──既存のコードを安全に改善する』オーム社、2014年
注39　ドイツ語では「Wo Noch Worte Fehlen＝まだ言葉にならないところ」と呼びます。
注40　参考文献：得丸さと子著『ステップ式質的研究法──TAEの理論と応用』海鳴社、2010年

要がある」というメタファを持っています。あるとき、この「速度を落とす」が世の中でいうところの「瞑想」なのではないか、と思い付きました[注41]。

ところが、瞑想を辞書で引いてみると「目を閉じて深く静かに思いをめぐらすこと」と書いてあり、強い違和感を持ちました。私が「瞑想」という言葉で表現しようとしたフェルトセンスは、目を閉じる必要はありません。また「思いを巡らす」という表現も、何かを回そうとしていて、回転を遅くするイメージに合いません。この説明文の中で私にしっくりきた言葉は「深く」と「静かに」だけです。

つまり「深く」「静かに」が、私のフェルトセンスを表現するうえでしっくりくる単語です。これは「速度を落とす」に対応しそうです。ということは、逆に「高速に空回り」には「深く」「静かに」の逆の単語が対応するはずです。「うるさく回転するのだろうか？」「深いの反対、浅いでも高いでも違和感がある。浮いている、地に足が付いていない、なら許容できるかな」と思考が発展していきます。このようにキーワードを辞書で引いて、その説明の違和感にフォーカスすることで、自分の言いたいことをより明確にしていくわけです。

■——— 公共の言葉と私的な言葉

辞書に載っている言葉の定義は、複数の人がコミュニケーションを取るために、共通化され制度化された公共の言葉です[注42]。つまりこういう言葉は、AさんとBさんの共通の領域にあります。

一方で、Aさんによって語られつつある言葉は、Aさんの私的な領域にあります。なので、Aさんが期待したような意味にBさんが受け取ってくれるかどうかはわかりません。自分の語りつつある言葉で表現したかったものと、辞書に書いてあるその言葉で一般的に表現されるものとを比較することで、自分の言いたいことがなんなのかをより明確化するわけです。似たものを比較することで理解を促すことの一例と言えます。

注41　日本語には「頭の回転が速い」というメタファもありますね。私はこれを悪い意味に解釈できるのではないかと考えています。

注42　「制度化」という言葉は、哲学者 Maurice Merleau-Ponty が使ったものです。彼は「語られつつある言葉」が「制度化」することで、複数人の間で共通の意味に使われる言葉が生まれるのだと主張しました。
　　　参考：Maurice Merleau-Ponty 著、木田元編訳、滝浦静雄／竹内芳郎訳『言語の現象学』みすず書房、2002 年

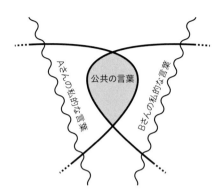

公共の言葉と私的な言葉

　また「語られつつある言葉」が私的な言葉だという話は、アイデアが生まれ出たそのままの形で有効に働くことがほとんどない、という話にも似ています。言葉であれアイデアであれ、芽生えたあとで育てなければならないわけです。

■──KJ法も違和感に注目

　KJ法やYoungの方法では、カードに書いた情報を仮に並べてみて「なんか違うな」と思ったり、「ここで良さそうだ」と思ったりします。これはまだ言語化されていないものを、違和感をもとに探り当てようとしている行為だと解釈できます。

　そしてKJ法では、「ここで良さそうだ」と並べたあとで「これを並べた理由は何か」を自分に問いかけます。Symbolic Modellingにも似た質問がありました。「XとYはどういう関係ですか？」や「XとYは同じですか？違いますか？」です。そう自分に問いかけることで、まだ書かれていない「カードの間の関係」の言語化を促すわけです。そして「これらを説明する短文は何か」を考え、表札に書いて束ねていくわけです。

　川喜田二郎が「分類をしてはいけない」と主張した理由は、ここにあるように思います。既存の分類に従って配置すると「これを並べた理由は何か」という問いにその既存の分類を答えることになり、言語化されていないものを言語化する効果を発揮できないのです。

　私は自分でもKJ法を使い、他人にも指導してきましたが、おそらくこれがKJ法の一番重要な部分です。初めてKJ法をする人の多くは、配置をす

るときに言語化された理由を使います。また講師に「正しい配置方法は？」と言語化された理由を求めます。しかし、言語化された理由を使うことはKJ法の有用性を損ねるのです。

言語化のまとめ

この節では、情報を収集する方法の一環として、自分や他人の中にすでに存在する情報をどうやって取り出すのかについて重点を置いて解説しました[注43]。最後に、おさらいをしてみましょう。

ここまでの解説で出てきた「氷山」のモデルを図にまとめました。

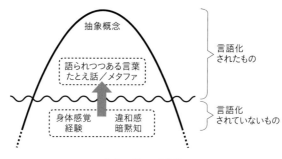

氷山モデルの全体像

身体感覚や経験、違和感に注目することが大事です。それらはまだ言葉になっていません。言葉にしようとすると、たとえ話やメタファの形になることがよくあります。出てきたばかりの言葉は、説明なしでは人に伝わらないかもしれません。でも、伝わらないことを恐れる必要はありません。他人に伝わらない私的な言語でもよいので、まず自分の中から取り出し、書き留めて消えないようにして、それから人に伝わる形に改善すればよいのです。たとえ自分にしか伝わらないものであっても、言葉は取っ手であり、あったほうが操作がしやすくなるのです。

一方で「鳥の声」の例のように、取っ手である言語から、具体的な身体感覚が外れてしまっていることもよくあります。その場合、身体感覚に下りていって、取っ手をつなぎなおしてやる必要があります。あなたの中にあ

注43　わかりやすい言葉として「言語化」を選んでいますが、情報を取り出す方法は言語に限らず、ふせんの配置や、絵や、ジェスチャなどいろいろなものがあります。野中郁次郎の用語を使うなら「表出化」のほうが適切です。

る「まだ言語化されていないもの」と、きちんとつながった「言語化されたもの」を作ることがここでの目的です。つながっていない、根なし草のような言葉を作っても意味がないのです。

磨き上げる

アイデアが芽生えた瞬間、きっとあなたは気持ちが高ぶって、すばらしいものを手に入れたような気持ちになると思います。しかし、残念ながら、そのアイデアが価値のあるものである保証はありません。検証が必要です。Thomas Edison も、「発明とは一時に完全な形で現れるものだと思っている人が多いが、そんなものではないのだ」と語ったそうです[注44]。

アイデアは最初から完全な形で生まれるのではなく、不完全な形で生まれたものを磨き上げることによって、徐々に改善していくものなのです。Edison は「私は失敗したことがない。ただ、1万通りの、うまくいかない方法を見つけただけだ」とも言ったとされています。思い付いたアイデアを実験してみて、それがうまくいかなかったとしましょう。それは「失敗」ではなく「うまくいかない方法の発見」なのです。うまくいく方法の発見に向けて、一歩前進しているのです。

最小限の実現可能な製品

アイデアの磨き上げ方について、「最小限の実現可能な製品」（*Minimum Viable Product*：MVP）の概念が有用なので紹介します。MVPの概念は、起業家 Eric Ries の『リーン・スタートアップ』で紹介されました。これはスタートアップ企業の経営の方法論です。

スタートアップ企業は、資金が尽きる前に、お金を払ってくれる顧客を見つける必要があります。何か儲かりそうなソフトウェアのアイデアがあったとしても、その開発にすべての資金を費やしてしまうと、そのアイデアが間違っていたときには倒産してしまいます。そこで、最小限のコスト

注44 『創造力を生かす』p.256

で製品を作って、顧客候補に見せて、お金を払ってくれるかどうかをすばやく検証することが大事です。

　Eric Riesは、構築・計測・学習のループを回してすばやく学習することが大事だ、と表現しました。

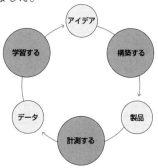

※Ash Maurya著、角征典訳、渡辺千賀解説、Eric Riesシリーズエディタ『Running Lean ——実践リーンスタートアップ』オライリー・ジャパン、2012年、p.13より引用

構築・計測・学習のループ

　まず、アイデアをもとに、最小限の実装で製品を構築します。次にそれを顧客に見せて、反応を計測します。そしてそこから学習し、計測データをもとにアイデアを修正していくわけです。

　たとえば製品紹介のページを作り、製品購入の予約を受け付けてみると、買おうと思う人がいるのかどうかがわかります。ファイル同期ソフトウェアのDropboxは「ファイル同期」という伝わりにくい製品価値を顧客が受け入れてくれるのか検証するために、まず3分間の動画を作りました。この動画は予想以上に話題になり、何十万人もの人に見られ、ベータ版の予約リストが7万人も増えました。ファイル同期を求める人がいることを検証できたわけです。

■── **誰が顧客かわからなければ、何が品質かもわからない**

　製品を最小限のコストで作ると低品質になるのではないか、と気にする人もいるでしょう。しかしEric Riesは、「誰が顧客なのかがわからなければ、何が品質なのかもわからない」と言います。あなたが大事だと思うことを、顧客も大事だと思うとは限りません。低品質だと顧客に言われたとし

ても、それは顧客が何を重視するかを知るチャンスになります[注45]。

　トランジスタラジオが登場したころ、世の中は真空管ラジオが主流でした。その主流の真空管ラジオと比べて、トランジスタラジオの音質は劣っていました。真空管ラジオを作っていた人の中には、「あんな音質の低いラジオが普及するはずがない」と思った人もいました。しかし現実には、数年で真空管ラジオ以上に普及しました。音質よりも、持ち運びができることを顧客が評価したからだ、と言われています。

■──── 何を検証すべきかは目的によって異なる

　リーン・スタートアップはベンチャー経営の方法論なので、会社を存続させるためにお金を稼ぐ必要があります。なので、検証すべきことは「その製品にお金を払おうと思う顧客が存在するかどうか」です。しかしあなたが置かれている状況が異なるなら、検証すべきことも異なります。

　たとえば本業で十分な収入があり、余暇で趣味のソフトウェアを作っていて、それを大勢の人に使い続けてほしいという場合を考えてみましょう。この状況ではユーザーがお金を払う人である必要はないので、無償で公開し、使いはじめた人が使い続けるかどうかが検証するべきことでしょう。Dropboxの動画型MVPでは、使いはじめてくれる人がたくさんいることがわかったわけですが、彼らが使い続けるかどうか、お金を払うかどうかは検証できていません。それは別の機会に別の方法で検証したのでしょう[注46]。

U曲線を登る

　もう一度U理論のU曲線モデルを眺めてみましょう。U理論では谷を登るフェーズを3つに分割しています。

注45　一方でEric Riesのこの主張は、顧客候補が無数にいて何度でも繰り返し実験ができることが前提です。たとえば評価者が1名で、その人に能力をアピールして仕事をもらおうと思っている場合、質が低すぎると次のチャンスがないかもしれませんね。かける労力と評価される可能性のトレードオフです。

注46　スポーツのMVPがMost Valuable Playerなので誤解されがちですが、リーン・スタートアップのMVPのVは、valuableではなくviableです。viableは「実行することが可能である」という意味の単語で、実験を実行することが可能である最小限の製品を作るという意味です。valuableだと、価値があるかどうかを作り手のあなたが判断している形になりますが、価値があるかどうかを判断するのは顧客なので誤りです。

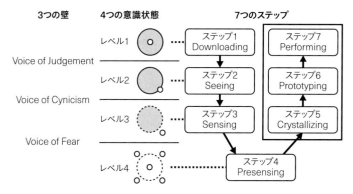

※前掲『U理論』(Otto Scharmer著、英治出版)の
p.163, p.175, p.193, p.219, p.306, p.312を参考に、筆者西尾が再構成

Uの谷を登って、新しいものごとを生み出す

　Crystallizingは、アイデアが結晶しつつある状態です。漠然と思っていたことや不完全なアイデアが、書き出したり加工したり人に話したりすることで徐々に明確な形になっていきます。

　Prototypingは、エンジニアにとっては馴染みのある言葉ですね。結晶化したアイデアが正しいか検証するために試作品を作りつつある状態です。特に物理的な製品を作る業界では、製品の量産にとてもお金がかかりますし、量産後に問題が発覚した場合の損失も大きいです。なので、早い段階で問題に気付くために、試作機を作ってテストと修正を繰り返すわけです。

　物や製品には限りません。たとえば在宅勤務などの人事制度でも、まず小さい規模で試しに運用してみて、見つかった問題点を修正してから全社展開するわけです。構図は同じです。

　Performingは、できあがったものを、より上位のシステムに埋め込みつつある状態です。たとえば期待どおりに動く試作機ができたとしましょう。これが倉庫に置かれているだけでは価値を生みません。たとえば製品として量産して、顧客の手元に届けないといけないわけです。これが社会への埋め込みです。物理的な製品だと、量産のためには金型で作れるように形状を調整する必要が出てきます。ソフトウェアの場合でも、作っただけでは売れません。ネット広告を打つのか、営業マンが見込み顧客を訪問して説明するのか、何らかの形で顧客とつながる必要があります。ネット広告を打つなら限られたバナーサイズで興味を持ってもらうための試行錯誤、

営業マンが説明するなら説明のしかたなどの試行錯誤が行われるわけです。

また、みなさんが作ったものが便利な道具だとしましょう。しかし、人に使われなければ価値を生み出しません。道具単体で価値を持つのではなく、道具とユーザーで構成された上位のシステムの中で、道具とユーザーの相互作用によって価値が生まれるのです。道具という人工物だけでなく、それの使い方、それを使ううえでの概念を表す言葉、そして使い方や言葉をユーザーに教えること、これらが組み合わさって価値を生み出すのです[47]。

この3つのフェーズは、どれもPDCAサイクルを回しながら上がっていくものです。私は螺旋階段のメタファでとらえています。U理論では3つに分割していますが、私は「育てるフェーズ」と1つにまとめました。3つに分割されていると、各フェーズを順番に一度だけ通るように誤解されるのではないかと懸念したからです。

物理的な製品は量産する前のテストを重視しますが、それは物理的な製品の量産に大きなコストがかかるからです。ソフトウェアは複製コストが安いため、前提条件に違いがあります。たとえばゲームでは、未完成の状態のものを「アーリーアクセス版」という名前で販売することがよく行われています。インターネットを介したアップデートによって、販売後に問題が見つかっても修正が可能だからです[48]。

リーン・スタートアップのMVPの概念は、なるべく早くPerformingまで進み、実際の見込み顧客の反応から学ぼうというものでした。そして学んだ知識を持って、もう一度Uの谷をくぐり、アイデアを修正していくわけです。

他人の視点が大事

アイデアを磨き上げていくためには、他人の視点が大事です。たとえば球体をある視点から眺めた場合、球面の半分以上の領域は見えていません。

見えている範囲が滑らかな球面だと、見えていないところも滑らかな球面だと思い込んでしまいがちです。しかし、尖っているかもしれないし、穴が開いているかもしれません。それはこの視点からは観測不可能なのです。

注47　これは、第1章コラム「パターンに名前を付けること」(36ページ)で紹介した、人間増強の4つの方法です。

注48　2015年にゲーム販売プラットフォームSteam上で販売されたゲームの約半数はアーリーアクセス版を用意していました。

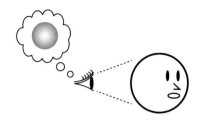

限られた視野で判断すると誤解してしまう

　あなたが今の視点で成功するほど、自分に見えていないもののことを忘れやすくなります。球の裏側を見落とさないためには、異なる視点から観察することが大事です。自分一人で物を見るときも、複数の視点から見ようと努力することが大事ですが、簡単ではありません。ほかの人の目を借りるともっと手軽に実現できます。

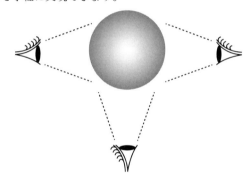

複数の視点で観察することで盲点を減らす

誰からでも学ぶことができる

　世の中に知識の多い人と少ない人がいる、知識の多い人が知識の少ない人に教える、この流れは一方向である、と思う人もいることでしょう。

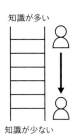

知識の多い人が知識の少ない人に教える

しかしそれは誤りです。次の図を見てください。

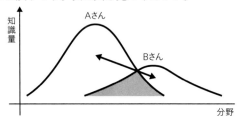

知識の少ない人からも学ぶことができる

　縦軸は知識の量、横軸は分野です。AさんよりもBさんのほうが、知識の総量は少ないです。しかし、AさんとBさんの得意分野が異なっているので、知識の少ないBさんも「Aさんの知らないこと」を知っています。こういう状況ならBさんがAさんに教えることもできるのです。
　他人の視点を活用しようと思うとき、この考え方はとても大事です。たとえば、あなたが何か製品を作って、それを想定顧客に見せたとしましょう。あなたは良いものを作ったつもりでも、顧客に酷評されることがあります。そのとき、あなたは顧客がソフトの良さを理解していないと思い、自分の視点からその製品がいかにすばらしいかを説明してしまうかもしれません。最終的に顧客は納得してくれたとしましょう。それでよかったのでしょうか？
　あなたが顧客に製品を見せた目的は、売上を上げることだったのでしょうか。それとも自分の視点から見えていない盲点を見つけることだったのでしょうか。製品の説明をして、想定顧客を説得して、お金を払ってくれたとしましょう。それは売上には寄与しますが、アイデアのブラッシュアップには寄与しません。
　意見の違いは盲点に気付くチャンスです。自分の視点と食い違う情報を受

け入れない Seeing 状態を、U曲線モデルで紹介しました。これは自分の既存の枠にしがみついて、他者の視点での情報を受け入れていない状態です。

この状態を脱するために、相手がどう感じているのかの言語化を促し、それを吸収する必要があります。ここで、耕すフェーズで学んだ言語化の技術が再び有用になってきます。自分相手の練習で技術を磨いておき、他人との会話で意見が食い違ったときに使うのです。

タイムマシンを作れ

他人と意見が食い違ったときが情報獲得のチャンスであることを、具体的な例で見てみましょう。

たとえば顧客が「タイムマシンを作れ」と言い出したとします。あなたは「そんなのは物理的に不可能だ」と思ったとしましょう。これは意見の食い違いであり、情報獲得のチャンスです。

たしかに物理的には「時間旅行ができる装置」を作ることは不可能そうです。しかし、顧客が「タイムマシン」という言葉で指しているものは、本当に「時間旅行ができる装置」なのでしょうか? あなたが「それは無理だ」と考えるとき、暗黙に「顧客は自分と同じ意味でタイムマシンという言葉を使っている」という仮説を置いています。しかし、この仮説は検証されていません。

この「タイムマシン」は顧客の私的な言語です。顧客は何か表現したいものがあるのですが、それを表現するのに適切な言葉を知りません。そこで、彼が知っている言葉の中から、一番近そうだと彼が考えた「タイムマシン」がたまたま選ばれました。この「タイムマシン」はメタファなのです。

顧客の使った「タイムマシン」という言葉の意味はあなたにはわからないので、わかるためにいろいろ質問をします。その「タイムマシン」は、どんなタイムマシンでしょう? その「タイムマシン」があると、何ができるようになるのでしょう? その「タイムマシン」はどういうときに必要になるのでしょう?[注49]

顧客に質問した結果、顧客は大事なファイルをうっかり上書き保存してしまい、タイムマシンで過去に戻ってファイルを取り戻したいのだとわかったとします。彼は「タイムマシン」という言葉で、上書きしたあとで上書き前のファイルを入手できるようにする道具を表現したかったわけです。

注49　この質問はClean Languageのところで紹介したクリーンな質問によく似ています。

Column

知識の分布図

「知識の少ない人からも学ぶことができる」の図で使った、横軸に知識の分野、縦軸にその分野での知識の量を取った図を、私は「知識の分布図」と呼んでいます。2011年に初めて使って以来、いろいろな考え方を表現するのに便利に使っています。

レーダーチャートもよく似た目的で使われます。レーダーチャートのほうが見慣れた読者が多いのかもしれません。以下の図の2つのレーダーチャートは、それぞれ得意分野の異なる2人の人の、分野ごとの知識量を表現しています。

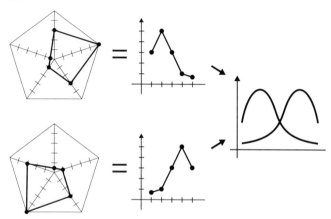

レーダーチャートと知識の分布図の関係

尖っている部分がその人の強みです。5本の目盛が5つの知識分野を表現しています。レーダーチャートの隣に、横軸に5つの知識分野、縦軸にその分野での知識量とった折れ線グラフを描きました。これはまったく同じ内容を表現しています。この折れ線グラフを滑らかにして2つを重ね合わせたものが、右端の知識の分布図です。

私がレーダーチャートを使わない理由は、限られた本数の目盛で知識分野を表現することが、知識分野の適切な表現ではないと考えるからです。知識分野は数個だけあるのではなく、無数にあります。知識分野には明確な境界はありません。知識分野は独立しておらず、ある分野を学ぶと、近い分野の知識量も上がります。知識分野は固定的なものではなく、日々新しく増えています。これを表現するためには、滑らかにつながった、閉じた円環ではないものを使うのが適切です。紙面では1次元の軸で表現していますが、本当はもっと高次元の空間が広がっています。

一方で、これをプログラマーの言葉で言えば「自動的にバックアップを取って、必要なときに過去のファイルを復元できるしくみ」となります。顧客は自動バックアップという概念を知らなかったので、自分の知っている単語の中は「タイムマシン」が一番近そうだと考え、選択したわけです。

Appleは、Time Machineという名前のソフトウェアを提供しています。これはまさに「自動的にバックアップを取って、必要なときに過去のファイルを復元できるしくみ」です。自動バックアップの概念がわからない顧客にも伝わりやすい良いネーミングですね。

再び耕す

顧客の使う単語の意味を勝手に判断したり決め付けたりせず、顧客の主張を批判したりせず、十分に他人の視点からの情報収集ができたら次は何をすればよいでしょうか?

一つは、説明の伝わりにくかったところを直したり、ソフトウェアの良くないところを改善したり、という修正です。PDCAサイクルを回すことで、今のアイデアをより大きく育てていくアプローチです。

もう一つは、アイデア自体を作りなおすアプローチです。新しい視点からの情報を混ぜて、KJ法などで再度耕してみましょう。自分一人から出た情報を耕す場合と比べて、きっとおもしろい発見があるはずです。ちょうど私が、他人の書いた創造性の絵を見て、「複数人での創造性」という盲点に気付いたように。

Youngは、良いアイデアは自分で育つと言っています。良いアイデアは見た人を刺激して、その人が積極的にフィードバックをくれるからです。アイデアを育てるためにもどんどん人に見せたほうがよいでしょう。

Column

書籍とは双方向のコミュニケーションができない

　本を読んで抜き書きしたものを使ってKJ法をするのでも、他人の視点からの情報を混ぜて再度耕すことに相当しそうに思うかもしれません。ですが私の実感としては、なかなか難しいです。その難しさには3つの要素があります。まず、本に対して自分が教えることはできないので、ついつい「教わる側」という態度になってしまいがちです。次に、「そのタイムマシンはどういうタイムマシンですか？」というように、単語の意味を確認できません。著者が書いた単語を自分なりに解釈するしかありませんし、その解釈が正しいかの検証が困難です。最後に、本は能動的に語りかけてきません。自分が授業などをした場合には、質疑の時間に聞いていた人が能動的に質問を投げかけてきます。それは他人の視点から見て重要な部分に投げかけられます。本から抜き出す場合は、他人が書いたものから、自分の視点で見て重要だと思ったところを抜き出すことになります。本とは双方向コミュニケーションができないのです。

　ここで、私がKJ法を習得していったプロセスを解説すると役に立つのではないかと思います。まず最初に川喜田二郎の本を読んで、KJ法は有用な方法だと感じました。次にKJ法をいろいろな本の抜き書きの構造化に使って、有用だという気持ちが確信に近付きました。この有用な方法をほかの人に伝えたいという気持ちが高まりました。そこで、講義資料を作るために、川喜田二郎のほかの本も含めて抜き書きを作りKJ法をしました。書籍の内容を一度噛み砕いてふせんにし、それを自分で再構築することで、自分の中の理解を育て、川喜田二郎の考え方のモデルを作ったわけです。これを私は「自分の中に川喜田二郎エミュレータ[注1]を作る」と呼んでいました。この段階では、自分由来の情報より、川喜田二郎由来の情報のほうが多かったです。

　本に書かれていない質問に答えられるかどうかで、エミュレータができているかどうか検証できます。本から書き写しただけの知識では、本に書かれていない質問に答えることができません。エミュレータがあれば、本に書かれていない質問に「川喜田二郎ならきっとこう答えるだろう」と答えることができます。講義をして他人の反応を観察したり、講義資料を改善していくうちに、オリジナルの本やエミュレータの説明では伝わりにくいところが見つかってきます。「トップダウンではなくボトムアップ」「関係ありそうなものを近くに置く」などの表現は伝わりにくかったです。どうす

注1　ある機械の動作を別の機械で模倣することをエミュレーションと言い、その模倣する機械をエミュレータと言います。たとえばゲーム機によっては、昔のゲーム機のゲームを遊ぶことができる機能を提供しています。これができるのは、新しいゲーム機の内部に古いゲーム機のエミュレータがあるからです。

れば伝わるだろうと考えはじめ、エミュレータの知識と私の経験とが結合しはじめ、新しい解説が生まれはじめます。今回「関係ありそうなものを近くに置く」という川喜田二郎の言葉には、自分が講義資料のスライドを作ることにKJ法を使った経験をもとに、かなり解説が追加されました。「トップダウンではなくボトムアップ」とAllenのGTDを関連付ける説明も、エミュレータが私の経験と融合したからこそ生まれたわけです。

　エミュレータ作りはモデル化だと言えるでしょう。まず書籍から情報収集してモデルを作り、そのモデルを使って講義を実践することで、他人からの「これがわかりにくい」というフィードバックを得ました。本の内容を説明して「わかりにくい」とフィードバックされるところは、本に書かれていないところです。なので、それを改善するためには、自分の経験をもとに新しい解説を生み出すことになるわけです。

まとめ

　本章ではアイデアが生み出されるプロセス、つまり知的生産の「生産」に直結する部分を掘り下げました。学ぶことは自分の外のものを自分の中に取り込むこと、アイデアを生み出すことは自分の中のものを外に出すこと、この2つは逆向きのことだ、と考える人も多いでしょう。しかし、そうではありません。アイデアが生み出されるプロセスを、耕すフェーズ、芽生えるフェーズ、育てるフェーズの3つに分けると、耕すフェーズは情報収集、育てるフェーズは検証と密に関連していました。情報収集と検証は、学びのサイクルで紹介した要素ですね。学びとアイデアの創造は、逆向きのことではなく、ほぼ同じことなのだと私は感じています。つまり、アイデアが芽生える瞬間に起きることは、新しい結合であり、異なるものの間の関連の発見であり、パターンの発見であり、モデル化であり、抽象化なのです。

耕す、芽生える、育てる（再掲）

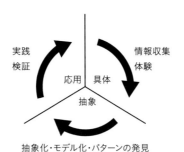

学びのサイクル（再掲）

　本章の半ばでは、まだ言語化されていないものを言語化する方法について、たっぷりページを割いて掘り下げました。最初から客観的であろうとしたり正しくあろうとしたりする気持ちは、新しいものを生み出すことの障害になります。まずは主観的な違和感や身体感覚、個人的なメタファを駆使して、誰も見たことのないものをたぐり寄せるわけです。磨き上げるのはそのあとです。

　第5章で膨大な情報をまとめる方法として紹介したKJ法は、仮説を生み出す知的生産の方法でもあることを学びました。第5章と第6章を合わせて、客観的に分類するのではなく主観的に結合を見いだしていくことが、新しいものを生み出すために必要であることを学びました。KJ法は情報を耕し、芽生えやすい環境を整える、有用な手法です。

　磨き上げる手法は、第1章の「検証」(44ページ)とも強く関係しています。みなさんの置かれた状況によって適切な方法はまちまちなので、幅広い分野で使える方法として、MVPの概念を紹介しました。小さく実験して、徐々に改善するわけです。

　第7章では「何を学べばよいのか」というよく問われる質問について考えます。学びは知的生産なので、これはつまり、何を生産して価値を得るかという経営戦略として解釈できます。あなたの知的生産性をどうやって成果につなげていくか、これを考えていきましょう。

第 **7** 章

何を学ぶかを決めるには

第7章 何を学ぶかを決めるには

　私が大学などで講演をすると、「何を学べばよいかわからない」という悩みをよく聞きます。第1章～第6章では、何を学ぶかは決まっている前提で、それをどう学ぶかの方法論を説明してきました。本章では、その一歩手前の、何を学ぶかの意思決定について考えてみましょう。

何を学ぶのが正しいか？

　「何を学んだらよいのだろう」と悩んでいる人の話を聞いていると、しばしば「何を学ぶのが正しいのだろう」という発言があります。その「正しい」とは何でしょうか？ 第2章や第5章でも少し触れましたが、これは重要なところなので、しっかりと掘り下げてみましょう。

数学の正しさ

　数学における正しさをまず考えてみましょう。数学にはまず「公理」があります。公理は、正しいものだと仮定します。そして、その公理の組み合わせによって論理的に導かれたものは「正しい」と考えます。
　この本で使ってきた箱を積むたとえで説明するなら、「確実に正しい知識」が基礎として存在していて、その基礎の上にきちんと積み上げた知識は正しい知識である、という考え方です[注1]。

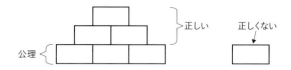

公理の上に積み上げたものだけが正しい

　知識Xが正しいことを示すために、別の知識Yを理由にしたとします。その知識Yが正しいことを示さなければ、Xが正しいとは言えません。この

注1　この考え方には「基礎付け主義」(*foundationalism*) という名前が付いています。

考え方では、どこかで「これは正しいものとする」と根拠なく決めることになります。

　根拠なく正しいと定められている公理の中でも、特に議論を呼んでいるものが「選択公理」でしょう。これは「空集合[注2]を要素に持たない任意の集合族[注3]に対して、各集合から1つずつ要素を選んで新しい集合を作ることができる」という公理です。たとえば{A, B, C}という集合と、{D, E}という集合と、{F, G, H}という集合があった場合に、それぞれから1つずつ要素を選んで{A, D, F}という集合を作ることができる、というわけです。

　これは一見当たり前のように見えます。ですが当たり前に見えるのは、例に挙げたのが有限個の要素からなる集合だからです。無限個の要素からなる集合について考えてみましょう。たとえば「半径1の球」は「中心からの距離が1以下である無限個の点の集合」です。選択公理を正しいと認めると、この球を4つに分割して、回転して2個ずつ組み合わせることで半径1の球を2つ作ることができる、と数学者のBanachとTarskiが証明しました。つまり、分割して回転して組み合わせると体積が2倍になるわけです。これは直感に反しますね[注4]。

　直感に反する結果が導かれるので、選択公理を認めるべきではないと考える数学者もいます。一方で、選択公理を認めるべきだと考える数学者もいます。選択公理を認めるほうが多数派です。このように公理が正しいかどうかは人によって意見の分かれるものなのです[注5]。

注2　要素を持たない空っぽの集合のことです。

注3　集合を要素とする集合（集合の集合）です。

注4　バナッハ＝タルスキの定理。直感に反する結果に注目してバナッハ＝タルスキのパラドックスとも呼ばれます。
　　　参考文献：砂田利一著『新版 バナッハ・タルスキーのパラドックス』岩波書店、2009年

注5　認める方が多数派であることを意外に思う方もいるでしょう。「直感に反する」と感じる直感のほうが間違っているという考え方です。無限が絡むと人間の直感はしばしば間違います。たとえば直感では偶数(2, 4, 6, ...)は自然数(1, 2, 3, ...)より少ないと感じるかもしれませんが、どの自然数nを選んでも対応する偶数2nが存在するので「偶数は自然数より少ない」は誤りです。たとえば「10,000までの自然数」と「10,000までの偶数」ならば偶数のほうが少ないのですが、これは集合の要素数が有限の場合です。人間は無限を直感的にイメージしにくくて、直感では大きな有限の数と混同してしまうのです。

科学と数学の正しさの違い

　科学における正しさは、数学における正しさとは少し違います。科学では、何度も実験して確認されたことは正しい、と思う人が多いことでしょう。しかし数学では、何度も実験して確認しても、それが正しいことは保証されません。

　たとえば「素数はすべて奇数である」という主張が正しいかどうかを、「ランダムに素数を1つ選んで、それが奇数かどうかを確認する」という実験で検証できるか考えてみましょう。1回目の実験では971が選ばれたとします。これは奇数です。2回目の実験では683が選ばれたとします。これも奇数です。この実験を100回繰り返して、100回全部奇数だったら、「素数はすべて奇数である」が正しいと言えるでしょうか？

　数学的には正しいと言えません。100回肯定されても、101回目で否定される可能性があるからです。素数は無限に存在して、その中で唯一2だけが偶数です。この実験の「ランダムに素数を1つ選ぶ」のところで、とても低い確率で2を選ぶまで、この実験は「奇数である」という観測結果を返し続けます。2が選ばれて「奇数でない素数もある」と観測されたなら、「『素数はすべて奇数』は正しくない」と結論できます。しかし奇数が出続け、何百回も何千回も奇数が観測されたとしても「正しい」と考えないのが数学の立場です[注6]。

　数学の「繰り返し正しい事例が観察されても、正しいとは認めない」という立場だと、実験結果の観察に基づく主張は、すべての事例を観察したのではない限り正しくないことになります。しかし、これでは科学者は困ってしまいます。たとえば炭素を燃やすと二酸化炭素になることを証明するために、すべての炭素を燃やして確認するのは現実的ではありません。

　そこで科学では正しさの基準を変えました。まず、実験で否定されていない主張は仮に正しいものとします。そして、実験を繰り返し、主張を支持する結果が観測されればされるほど、その主張は信頼性が高まることにします[注7]。

注6　これはソフトウェアテストと似ています。テストが失敗することで、バグが存在することに気付くことはできるけども、テストが成功したからと言ってバグが存在しないと証明したことにはならないわけです。第5章のコラム「知識の整合性」(167ページ)でDijkstraの言葉を紹介しましたね。

注7　ただし、実験は「主張が正しくないことを判定できること」を条件とします。ここでは、科学哲学者のKarl Popperが提唱した反証可能性の概念をかみ砕いて説明しています。

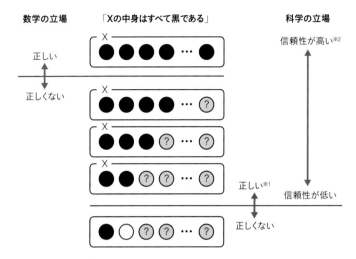

※1 この「正しい」は、あとで実験によって覆ることがある、仮の判断です。「今は仮に正しいものとしておこう」だと思ってもよいでしょう。
※2 すべての事例について観察すれば正しいと証明できます。しかし、科学者が実験に使えるお金や時間は限られていますし、そもそも事例が無限にあるケースもあります。

数学の立場と科学の立場

この基準を採用するなら、適切な実験を繰り返し行うことで、仮説の信頼性を高めていくことができます。

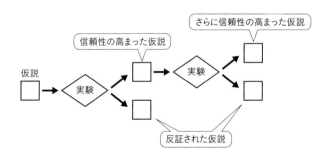

実験によって仮説の信頼性を高めていく

こうやって信頼性の高まった仮説を、人はざっくり「正しい」と表現するわけです。

意思決定の正しさ

　ここまでで、数学における正しさの考え方と、科学における正しさの考え方に違いがあることを解説しました。意思決定における正しさの考え方は、このどちらとも違います。これを掘り下げてみましょう。

■─── 繰り返す科学実験と一回性の意思決定

　科学では、繰り返し実験によって仮説の信頼性を高めるアプローチを選びました。しかし、繰り返し実験は常にできるものではありません。たとえばあなたが大学1年生で、「プログラミング言語Xを学ぶことは正しいのかな」と悩んでいるとしましょう。科学的なアプローチをするなら、学ぶことを何回か繰り返し、学ばないことを何回か繰り返し、どちらが良かったか比較検討することになるでしょう。しかしあなた一人でそのような実験をすることはできません。学ぶか、学ばないかのどちらか1回だけしかできません。

　科学的にアプローチするなら、たとえば以下のような実験をすることになります。

- 比較のために、100人の学生を集めて、50人に言語Xを学ばせ、残り50人に学ばせない
- 学ぶことの効果を定量的に計測するため、5年後の年収の違いを効果とする
- 2つのグループは無作為に分け、5年後の年収に有意な差があるかを統計的に検定する

　しかし、この実験はあなた個人のニーズは満たしません。科学的な知見を待っている間に5年の時が過ぎて、あなたは大学1年生ではなくなるからです[注8]。

　意思決定は多くの場合、繰り返すことのできない一回性の出来事です。意思決定を迫られたタイミングで、その助けになるような知識が不足していることはよくあります。そういうときに知識がそろうのを待つのは、意思決定のタイミングを逃す「悪い意思決定」になることがあります。つまり、意思決定の正しさは、数学や科学とは違った性質を持っているわけです。

注8　また仮に、5年前から実験が行われていて、言語Xを学ぶことが統計的に有意に年収増加につながるという結果が出ていたとしましょう。それでも、この科学的知見は、あなた個人が今学ぶことがあなたの年収増加につながることを保証するものではありません。

■── 事後的に決まる有用性

こういう一回性の出来事にはどういう基準があり得るでしょうか。その一つが有用性です。意思決定の正しさは事前には決まりません。意思決定が有用な結果をもたらしたなら、その意思決定は正しかった、と事後的に決まります。

今、あなたが意思決定をしなければいけないとしましょう。つまり、いくつかの選択肢があり、どれかを選ばなければならない状況です。あなたは「どの選択肢が正しいかわからない」と悩んでいるとします。

悩んでいるということは、現時点のあなたの知識では、どれも同程度の評価であるということです。ならば、どれを選ぶことも現時点では同等に正しいです。判断の締め切りまでに時間があるなら「判断を先延ばしにして情報収集をする」という意思決定も一つの手でしょう。しかし、多くの場合、いくら情報収集をしてもどの選択肢が正しいかは確定しません。どこかのタイミングで、正解がわからないままエイヤと選択肢を選ぶことになります。そして時間が経ってから選んだ結果を振り返ってみて、その選択が有用であったなら、その選択は正しかった、と事後的にわかるのです。

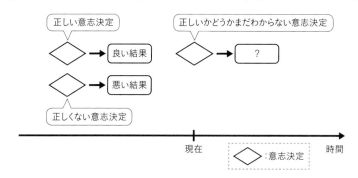

現在の意思決定は正しいかどうかまだわからない

■── 過去を振り返って点をつなぐ

この考え方に関しては、Appleの共同創業者であるSteve Jobsがスタンフォード大学の2005年卒業式で行った講演が有名です。

彼は大学生のときに、大学を辞めるという意思決定をしました。そして卒業するために単位を取らなくてよくなったので、興味の赴くままに必須でない授業を取りました。その中にあったのがカリグラフィー、字の美しさに関する授業です。彼はこのときの経験が、その後Macintoshを作る際

にとても有用だった、と語りました。

このことを指して彼が言った言葉を簡単に意訳するとこうなります。

「あなたは未来に向かって点をつなぐことはできません。過去を振り返ってつなぐことしかできません。だから、将来なんらかの形で点がつながる、と信じて行動しなければいけません。なぜなら、そう信じることがあなたに自信をもたらすからです。」[注9]

カリグラフィーが有用であることは、事前にはわかりませんでした。もし彼がカリグラフィーを学んでいなければ、Macintoshを作ろうというタイミングでもまだカリグラフィーが有用だとは思わなかったことでしょう。Macintoshを作る前に学んでいたことによって、Macintoshを作るときにカリグラフィーの知識を使うことができたわけです。

何を学ぶかを決めるのは、意思決定です。何を学ぶことが有用かは、事前にはわからず事後的にしかわかりません。何を学びたいかの答えを外に求めても見つかりません。それはあなたしかわからないことです。

自分経営戦略

意思決定の正しさは事後的にしかわかりません。企業の経営も意思決定の連続で、事前に正しさがわかりません。しかし、行き当たりばったりに経営するわけにはいきません。経営学はこの難しい状況を何とかしようと努力を続けてきました。

事前に正解を知ることはできませんが、正解の確率を高められそうな、いくつかの戦略があります。何を学ぶかを決めることは、時間やお金、やる気などの限られた資源を何に投資するか意思決定することなので、経営戦略のアナロジーが有効です。

注9　You can't connect the dots looking forward; you can only connect them looking backwards. So you have to trust that the dots will somehow connect in your future. You have to trust in something — your gut, destiny, life, karma, whatever. Because believing that the dots will connect down the road will give you the confidence to follow your heart even when it leads you off the well-worn path and that will make all the difference.

学びたい対象を探す探索戦略

何を学んだらよいかと不安に思う人も多いようですが、私は何でもよいと思います。

プログラミング言語の選択にも似た構図があります。プログラミングを未経験の人が「どのプログラミング言語を選んだらよいのだろう」とよく悩んでいます。何を学べばよいか悩んで1ヵ月費やすよりも、何でもよいので何か一つの言語を1ヵ月学んだほうがよいでしょう。世の中には多種多様な言語がありますが、少数の例外を除くと、大部分が共通の概念で構成されています。何か一つの言語を学べば、必要に応じてほかの言語も効率良く学ぶことができるようになります。

何を学ぶ対象として選ぶかに、正解はありません。何かを学ぶことによって「学ぶ力」が培われ、別の分野を学びたいと思ったときに効率良く学べるようになります。なので、何か学びたいという熱意の湧いてくる対象を見つけ、それを学べばよいのです。今何を学んだらよいかと悩んでいるなら、それは「まだ対象を発見できていない」という状態です。どうすれば発見できるでしょうか？

Column

選択肢の数が意思決定の質にもたらす影響

クリスティアン・アルブレヒト大学キールの研究者Hans Georg Gemündenと Jürgen Hauschildt は、意思決定の質が何に影響を受けるか知るために、従業員数1,380人の会社で1年半に行われた83件の経営判断について、8年後に同じ経営陣にその判断が良かったかどうかを質問する研究を行いました[注1]。

意思決定の質に大きな影響を与えたのは、選択肢の個数でした。選択肢が2個だった場合に比べて、選択肢が3個だった場合は、事後的に「とても良い意思決定だった」と判断される割合は16.7倍に増えました。

選択肢が4つ以上の場合にどうなるのかに関しては十分なデータがありません。しかしあなたが「やるかやらないか」「選択肢Aか選択肢Bか」と2択で迷っているなら、選択肢を増やして3択に変えるのもよいかもしれませんね。

注1　Hans Georg Gemünden and Jürgen Hauschildt. (1985). "Number of alternatives and efficiency in different types of top-management decisions". *European Journal of Operational Research*, 22(2), 178-190.

■──── 探索範囲を広くする

　未知のものを発見するためには幅広く探索すればよいだろう、というのがこの戦略の基本方針です。目に付いたもの、少しでも興味の湧いたものを片っ端から学んでみましょう。大雑把にいろいろな分野をつまみ食いしましょう。何事も経験です。

　学びたい対象を探す探索戦略は特に学生向きの戦略です。大学生は、多種多様な授業があります。図書館にも多種多様な本があります。書店では各学部の学部生向けの教科書が置かれています。新しい分野を開拓しやすいチャンスに恵まれています。この立場を活用して、興味の赴くまま探索するとよいでしょう。

　「自分のまだ知らないこと」に積極的に触れて、興味を持てるものを見つけましょう。「自分が知らないということを知らないもの」は、盲点です。盲点を発見するには他人の視点が有用です。違う学部、違う専門の人とコミュニケーションしましょう。

　やってみて「これは違うな」という違和感があったなら無理に続けようとせず、辞めてほかのものを試してみましょう。Jobsが大学を辞めることにしたのも、カリグラフィーの授業を受けたのも、まさにこれでした。

知識を利用して拡大再生産戦略

　探索戦略は、自分の内面の「熱意が湧いてくるかどうか」に注目した戦略でした。この項では逆に、自分の外側に注目してみましょう。経営戦略の分類では、自分が置かれている状況を「場所」(ポジション)にたとえて、周囲の状況を分析し有利な場所を占めようとする戦略を「ポジショニング学派」と言います[注10]。この項では同じように、みなさんの今置かれている状況、自分の周囲5メートルに注目してみましょう。

　第2章で学んだ「探索と利用のトレードオフ」(59ページ)を覚えているでしょうか。探索ばかりをしていたのでは得られた知識を利用できない、という話でした。探索戦略を学生向きと言ったのは、学生は社会通念上「学ぶためのポジション」であって、探索に潤沢な時間を使えるからです。一方、社会人には「働け」「金を稼げ」というプレッシャーがあり、「学ぶ時間がな

注10　参考文献：Henry Mintzberg／Bruce Ahlstrand／Joseph Lampel著、齋藤嘉則訳『戦略サファリ 第2版──戦略マネジメント・コンプリート・ガイドブック』2012年、東洋経済新報社

い」ということに悩んでいる人が学生よりも多いです。

　社会人の日常はビジネスです。ビジネスとは誰かの需要を満たしてその対価をいただくことです。そんな社会人がまず何を学ぶべきか、それは「今やっている仕事の効率化」です。仕事を効率化することで時間の余裕を作り、その余裕を新たな学びに投資するのです。

　この戦略を、私は「知識の拡大再生産戦略」と呼んでいます。拡大再生産とは、企業が利益を上げたときに、その利益を生産設備などに投資し、その設備を使ってさらに利益を上げることです。同じことを個人の戦略として実行するわけです。

　知識の拡大再生産戦略は、3つの要素から成ります。

- 知識を使って時間を得て、その時間を知識獲得に投資する
- 知識を使ってお金を得て、そのお金を知識獲得に投資する
- 知識を使って立場を得て、その立場を使って知識獲得をする

　知識と、時間やお金の交換はイメージしやすいでしょう。なので立場を得ることについていくつか例を挙げて説明します。

　たとえば、社内で「分野Aに詳しい人だ」という評判が立てば、分野Aに関する相談があなたのところに集中するようになるでしょう。これによって、あなたには分野Aの知識の応用先に関する情報がどんどん集まってきます[注11]。

　立場を使った知識獲得のもう一つの例として、今のポジションで効率良く学べることは何か考えてみましょう。たとえば分野Bに詳しい先輩がいるなら、今のポジションを活用して効率良く分野Bを学べるかもしれません。明示的に教えを乞うのも手ですし、仕事ぶりをよく観察して模倣するのも手です。

卓越を目指す差別化戦略

　近くにいる人と同じ分野を学ぶのは、効率が良いでしょうか？ 悪いでしょうか？ ここを深く考えてみましょう。

注11　もちろん舞い込んでくる相談全部に対して作業を引き受けると、再投資のための時間がなくなります。成果につながりそうなものを選んで引き受けたり、要望が殺到していることを可視化してほかの雑用を断る理由に使ったりしましょう。主体的なタスクの選択については第2章で学びましたね。

■── 他人からの知識の獲得はコストが安い

近くに分野Cを習得済みの人がいて、その人から分野Cの知識を学ぶ場合、知識の獲得コストは安いです。詳しい人が側にいるなら、わからないことはすぐ聞くことができます。

わからないことを質問することにネガティブな気持ちを持つ人もいるかもしれません。しかし質問するほうが経営上は正しい行動です。たとえばGoogleのPrincipal ScientistであるVincent Vanhouckeは、新しいチームメンバーに「何かに詰まったとき、まず自分で15分解決を試みなさい。そして、15分経ったら、ほかの人に助けを求めなさい」という15分ルールを提案しています。

まず自分で15分解決を試みるのは、他人の時間を無駄にしないためです。そして15分経って解決しなかったなら、他人に助けを求めることが必要です。なぜなら、15分頑張っても解決できなかった人がさらに時間を投入しても解決できる可能性は低く、時間の無駄だからです。

組織を経営する側の視点から見ると、他人に相談すれば5分で解決するような問題を、解決能力のない人が一人で抱え込んで1時間使ってしまったとしたら、それは人件費の無駄遣いです。わからないことは質問するほうが経営上好ましいのです[注12]。

■── 他人から得た知識は価値が低い

さて、近くにいる人と同じ分野を学ぶと安いコストで知識が獲得できることがわかりました。しかし、知識から得られる成果は低くなります。それはなぜでしょうか。

一人の人だけから学んでいると、その人の部分集合になります。図は、ある人Aさんと、Aさんだけから学んだBさんの分野ごとの知識量を表現したものです[注13]。Bさんはすべての分野でAさんに劣る二番手の存在になります。

注12　仕事の内容や組織の状況によって、15分が適当かどうかは変わります。たとえば新人研修の一環として、一人でやり抜く力を養いたい、というケースなら、一人でやる時間を長めにとるでしょう。

注13　この図は第6章で紹介した「知識の分布図」です。この章では知識の分布図のいろいろなバリエーションが出てきます。

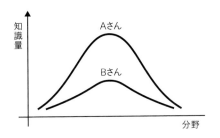

AさんとAさんだけから学んだBさん

　組織の中で一番知識豊富なAさんと、二番手のBさんのどちらかに仕事を頼む場合、どちらに頼みたいでしょうか？　もちろん知識豊富な人に頼みたいですよね。この結果、貢献のチャンスはまずトップの人に集中します。

　人が働くうえで、時間は限られたリソースです。Aさんに仕事が集中し、Aさんは仕事を取捨選択します[注14]。AさんとBさんは1日に5単位の時間を使うことができるとしましょう。仕事は3単位の時間で100の価値が生まれる仕事Xと、7単位の時間で100の価値が生まれる仕事Yがあるとしましょう。Aさんはどちらの仕事を選ぶでしょうか？

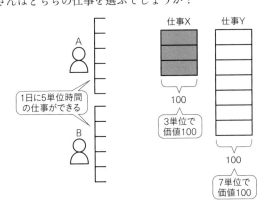

Aさんはどちらの仕事を選ぶか？

　仕事Xは1単位時間あたりおよそ33の成果を生みます。仕事Yは1単位時間当たりおよそ14の成果を生みます。当然Aさんは効率の良い仕事Xを

注14　「仕事の取捨選択はできない」と考える人もいることでしょう。第2章で紹介した「重要事項を優先する」（62ページ）をもう一度読んでみましょう。

優先します。3単位時間で仕事Xをやって100の成果を出し、残りの2単位時間で仕事Yを少しやっておよそ29の成果を生みます。これでAさんの使うことができる5単位の時間は使い尽くされました。残りの仕事は二番手のBさんに回ります。Bさんは5単位の時間を使って効率の悪い仕事Yをやり、およそ71の成果を生みます。

さて、2人がそれぞれ5単位時間を使って生み出した価値を比べてみましょう。

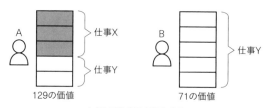

Aさんは仕事Xを優先する

Aさんは129、Bさんは71です。AさんはBさんより8割程度多く価値を生み出しています。あなたが彼らの給料を決めるとしたら、当然Aさんに高い給料を払うことでしょう。

ところで気付いたでしょうか。仕事Xは、AさんがやってもBさんがやっても、3単位時間で100の価値が生まれます。つまりこの問題設定では、AさんとBさんの能力は同じです。にもかかわらずAさんは同じ時間でBさんより8割高い成果を出しました。これはなぜでしょうか？

Aさんへの仕事の集中は「AさんはBさんより優れている」と仕事を依頼する人が認識していることによって起こりました。つまり、Aさんの「最も詳しい人」の立場から生まれています。その立場によってAさんに仕事が集中し、Aさんはその仕事を取捨選択することによって、高い生産性を発揮しているわけです。

■——— 卓越性の追求

知識を価値につなげていくには、その知識分野に最も詳しい人になることを目指す必要があります。この状態を「卓越」と呼びます。卓越と言うと、「成長した結果、最終的に卓越する」というイメージを持っている人が多いかもしれません。しかし、そうではありません。まず最優先で卓越し、そ

れによって成長の機会を得るのです注15。

とはいえ、たとえば先輩と自分の知識量の差を見て「トップになるなんて無理だ」と思うかもしれません。そこで次に紹介するのが差別化戦略です。知識が完全にオーバーラップしていることが二番手になってしまう原因なので、意識してずらしていきましょう。先輩が得意な分野で先輩を打ち負かす必要はありません。先輩が不得意な分野で、先輩よりも詳しくなればよいのです。

これは第6章「誰からでも学ぶことができる」(213ページ)で学んだ、知識の少ない人からでも学ぶことができるという考え方の裏返しです。自分の知識の絶対量が少なくても、差別化をすれば、他人に教える立場になることができるわけです。

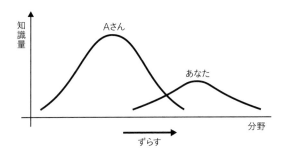

ずらして差別化し、自分が一番詳しい領域を作る

かけ合わせによる差別化戦略

卓越は、かけ合わせによっても作ることができます。たとえば、あなたの部署で分野Xについて一番詳しい人Aさんのことを思い浮かべてみましょう。さて、その人は世界で一番分野Xに詳しい人でしょうか？

注15　社会生態学者のDruckerは、「自らの成長のために最も優先すべきは、卓越性の追求である。そこから充実と自信が生まれる」と『プロフェッショナルの条件』で述べました。

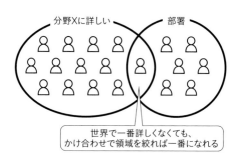

分野と組織のかけ合わせ

　世界には分野Xに詳しい人がたくさんいます。Aさんよりも詳しい人がいる可能性も高いでしょう。しかし、この部署のメンバーで、かつこの分野Xに最も詳しい人はAさんです。このように、2つの集合のかけ合わせで領域を絞れば、比較的簡単に一番になることができるのです。

　選ぶ側の視点でたとえてみましょう。あなたの家の周りにはいくつもの料理店があることでしょう。その中で一番おいしい料理店Aのことを考えてみましょう。この料理店Aよりおいしい料理店も、きっと世の中にはあることでしょう。しかし、あなたが休日に昼ご飯を食べようと思ったときに、飛行機に乗って海外に行くことは現実的ではありません。家の周りの限られた選択肢の中から一番良いものを選ぶのです。

■── ふたこぶの知識

　これと同じことが、分野のかけ合わせでも起こります。分野Xについてはあなたよりさんのほうが詳しい、分野Yについてはあなたよりさんのほうが詳しい、だけど両方知っているのはあなただけ、という状況を考えてみましょう。

　Aさんから見ると、あなたは「Xのこともまあまあわかって、しかもYのことに詳しい」と見えます。Bさんから見るとあなたは「Yのこともまあまあわかって、しかもXのことに詳しい」と見えます。

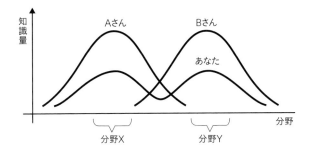

ふたこぶの知識

　人と人とのコミュニケーションは、共通の知識が多いほどスムーズになります。コミュニケーションが楽であることだけを求めるなら、ほとんど同じ知識を持った同質な人の集団でよいのです。しかし、アイデアは新しい結合から生まれます。新しい結合を生み出すことを求めるのなら、異なる知識を持った人が集まることが好ましいです。

　分野Xと分野Yにまたがるアイデアを作るうえで、両方の分野の知識を持ち寄って結合を生み出す必要があります。しかしAさんとBさんは知識のオーバーラップが少ないのでコミュニケーションが困難です。AさんともBさんともオーバーラップのあるあなたは、どちらともコミュニケーションがとりやすいのです[注16]。

注16　コミュニケーションの取りやすさを、物理的な距離のメタファでとらえていると意外に感じるかもしれません。あなたとAさんの距離が1メートルで、あなたとBさんの距離が1メートルなら、AさんとBさんの距離は必ず2メートル以下です。これを三角不等式と言います。しかし知識の流通に関しては、AさんとBさんの距離が1キロメートル離れているかのような状況から、両方とコミュニケーションを取ることのできる人が間に入ることで、ぐっと距離が近付くようなことが起こり得ます。三角不等式は成り立たないのです。

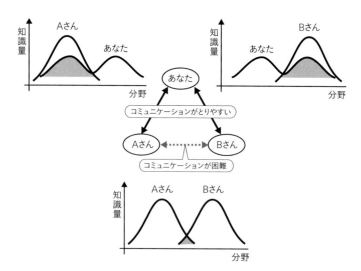

共通の知識が少ないとコミュニケーションが困難

　このようなタイプの人材に価値があるという考え方は広く知られています。たとえば文部科学省は、2002年に「これからの日本に求められる科学技術人材」で「一つの分野の専門性にのみ秀でた「I型」の人材だけでなく、「T型」や「π型」と呼ばれるような、専門性の深さと幅広い専門性を兼ね備えた人材を育成していくことが重要」と説明しました。狭い専門分野だけで知識を深めるのではなく、周辺分野やまったく異なる分野にも幅広く興味を持ち、専門性の枠にとらわれないことが大事だという主張です[注17]。

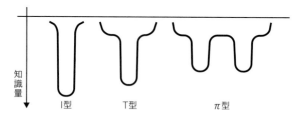

※参考：平成14年度　科学技術の振興に関する年次報告 [第1部 第1章 第2節 [1]] - 文部科学省
　　　　http://www.mext.go.jp/b_menu/hakusho/html/hpbb200301/hpbb200301_2_006.html

I型、T型、π型

注17　第6章「自分の中の探検」（187ページ）では、特殊資料と一般的資料の組み合わせでアイデアを作るというYoungの考え方を紹介しました。よく似た構図です。

時間は有限です。自分の専門知識をより高めるために投資するのがよいのでしょうか。それとも幅を広くするために投資するのがよいのでしょうか。これを考えてみましょう。

■――― 連続スペシャリスト

組織論の研究者であるLynda Grattonは著書『ワーク・シフト』の中で、「連続スペシャリスト」(*serial mastery*)の概念を提唱しました[注18]。

専門性を持たない人は、転職の際にアピールできることがなくて不利です。長期雇用制度が揺らぐ時代、将来の転職に備えて、専門性を磨く必要があります。一方で、変化の激しい時代では未来にどのような専門性が価値を持つかを予測することが困難です。なので、一つの専門分野に一点集中することはリスクが高いです。一見両立しないこの2つの要請をどう調停すればよいでしょうか？

この疑問に対してLynda Grattonが提案したのが、連続スペシャリスト戦略です。ある分野の専門性を獲得し、その専門性を活かして異なる分野へ参入し、そこで新しく専門性を獲得する戦略です。

1つ目の専門性によって卓越の立場を作り、その立場から収穫を得て、それを2つ目の専門性の獲得に投資するわけです。つまり、拡大再生産戦略と卓越を目指す戦略の融合と言えるでしょう。

これは特殊な戦略ではありません。たとえば「修士課程出たけれど、修士論文の研究は続けず、会社に入ってエンジニアをしています」という人はすでにこの戦略を採用していると言えるでしょう。大学での研究によって1つ目の専門性を獲得し、それによって修士の学位を得て、それを活かして就職し、今エンジニアとして活動することで2つ目の専門性を育てているからです。

どの程度の専門性を獲得したら次の分野に進出すべきなのか。これはあなたの置かれた環境にもよるので、一概に言えません。「ふたこぶの知識」が有益なシチュエーションがなんだったか思い出してみましょう。分野Xと分野Yの知識の両方が必要なケースでは、どちらか片方の専門性が高い人よりも、両方を持っている人が求められるわけです。

注18　起業をして、ある程度育てたら抜けてまた起業をする、という企業家のことを「連続起業家」(*serial entrepreneur*)と呼びます。このserialも近いニュアンスで使われています。

■——— 新入社員の戦略案

　いろいろな戦略の構成要素を紹介しました。現実の戦略はこれらの抽象的な構成要素と、現実の具体的な環境とを組み合わせて作られます。ここで、試しに架空の具体的な環境に対して戦略を考えてみましょう。

　あなたは大学を卒業して今年ソフトウェア企業の新入社員になったとします。あなたには新人研修を受ける立場にあるとします。これは今あなたが得ている立場です。就職せずにフリーランスで独立した人には新人研修を受ける機会はありません。この立場を利用して効率良く知識を獲得することが狙えます。

　一方で、その新人研修で教わることをまんべんなく習得したところで、その知識は低い価値しか生みません。その知識は同じ職場の全員が知っていることで、まったく差別化につながらないからです。分野をずらし、卓越を目指す必要があります。

　ここで連続スペシャリスト戦略を取るなら、まず新人研修や先輩の模倣によって分野Xの知識をある程度学んでまあまあ評価されたら、分野Xの知識をさらに高めるのではなく、新しい分野Yの知識を手に入れることに時間を投資することになります。

　新しい分野Yの知識をどうやって手に入れるかにはいろいろな選択肢があります。たとえばあなたは自分のおばあちゃんのことがとても好きで、その関係で高齢化社会の問題を解決するボランティアグループの活動に参加したとします。そのボランティアグループのメンバーはソフトウェアの知識が弱いとします。あなたはソフトウェアの知識を利用して、そのボランティアグループに貢献できます。これが卓越です。

　このボランティア活動を通じて、高齢化社会の問題に関する知識をあなたは獲得します。これは社内の人が持っていない知識です。もし社内で高齢化社会の問題に詳しい人が必要になったとき、あなたは社内でも卓越の立場を得ることになります。

組織の境界をまたぐ知識の貿易商戦略

　先ほどの例では、あなたの会社の社員と、あなたの参加しているボランティアグループのメンバーは、知識交換をしていません。こういう「知識の流れの滞り」はしばしば起こります。特に組織の壁があると、情報の流通が

妨げられやすくなります[注19]。

流れが滞っている場合にその流れを円滑にすることは、しばしば経済的な価値が伴います。そこで、複数の組織をまたぎ、組織間の情報流通を起こすことで価値を生む戦略が成立します。

これは貿易商に似ています。貿易商はある地域で入手しやすい商品を仕入れ、その商品を手に入れにくい別の地域に運んでそれを売ります。これを相互に行うことで、品物の流通を促し、利益を上げるわけです。同じように、片方の組織で知識を獲得し、その知識を別の組織に運んで利用することで価値を生み出すのが知識の貿易商です[注20]。

知識の貿易商をしていると、知識とその需要が自分に集中するようになります。自分が壁を貫くパイプになり、そのパイプの中を知識が流れるイメージです[注21]。しかし原油などのパイプとは大きな違いがあります。それは、知識が複製できることです。知識が自分の中を流れるようにすると、知識の複製が自分の中に蓄積され、自分の価値を徐々に高めていきます。

この戦略を使う方法はいくつかあります。社内で複数の組織をつなぐパイプになる方法。社外の知識を社内に取り込む役割を引き受け、積極的に外部の情報源に触れる方法。ブランディングやプロモーションの目的で外部で発表する役割を引き受け、社内で学んだことを社外に伝える方法。そして、複数の組織に所属する方法があります。

複数の組織に所属することはハードルが高く感じるかもしれません。たとえば、会社の仕事として社外の人とのジョイントチームを結成し、共同プロジェクトを行うとしましょう。これはあなたの気の持ちようしだいで貿易商になれるチャンスです。もしあなたの腰が引けて社内の人としかコミュニケーションしなければ、チャンスは活かされないでしょう。一方、社外の人と積極的にコミュニケーションをして知識の交換を行えば、貿易商として価値を生み出すことができます。

注19　ここでは組織が異なる場合の話をしますが、知識のオーバーラップが少ないと会話が成立しにくくなるので、同じ組織内でも専門性の違う人の間の流通は滞りがちです。

注20　経営学者 Michael L. Tushman は、1977年に組織の中と外をつないで情報を媒介する人のことを境界連結者（*Boundary spanners*）と呼びました。
Tushman, M. L. (1977). "Special boundary roles in the innovation process". *Administrative science quarterly*, 22(4), 587-605.

注21　組織の中と外をつなぐ場合や、複数の組織をつなぐ場合があります。日本語には「かけはし」という良い言葉があって、川や谷をまたぐ存在で、かつそこを人が通ります。

貿易商戦略のイメージ

　別の形として、仕事とは別にボランティア活動をすることも考えられます。これは「新入社員の戦略案」でも紹介しましたね。ボランティアのマネジメントは仕事よりも難しいです。給料をもらって働く場合は、給与を失いたくないからという理由で、メンバーは多少不満があっても我慢しようとします。一方でボランティアの場合は給与ではなく熱意で動いているので、何か問題が起きた場合にはそれが明らかになりやすいです。これは良いことです。プログラミング言語にたとえるなら、エラーメッセージがしっかり表示される言語です。学びを効率化するうえでは、理想と異なることが起きたらすぐに気付けるほうがよいのです。

　技術顧問などの形で、他社に対してコンサルティングサービスを提供することも一つの形でしょう。この種のビジネスをする人のよくある悩みとして「知識をアウトプットすることに時間を使いすぎて、新しいインプットをする時間がなくなる」という話を聞きます。「知識」を「お金」と交換するビジネスモデルだと、活動をすることでお金は増えても知識は増えません。活動を通じて自分が知識を得られないようなら、その間に学び続けた人と比べて、どんどん不利になるでしょう。

　これを引き起こす誤ったメンタルモデルについても第6章で学びました。知識の多い人が知識の少ない人に教えて、情報の流れは一方向である、というメンタルモデルです。教える役と教わる役に分かれるのではなく、相互に教え合って双方が得をする形にするのがよいでしょう。

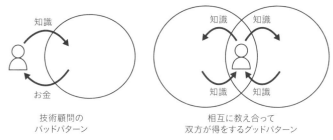

※右図ではお金の流れは描いていません。これは「お金をもらわない」という意味ではなく「お金の流れよりも知識の流れのほうが大事」という意味です。

2パターンの技術顧問

知識を創造する

　本書は、技術評論社WEB+DB PRESSの特集記事「エンジニアの学び方」が元になっています。なぜこの本のタイトルが「エンジニアの学び方」ではなく「エンジニアの知的生産術」になったのか、最後に説明したいと思います[注22]。

　「学ぶ」と言うとき、暗黙に「知識は自分の外にあり、それを自分の中に取り込む」というイメージを持っていませんか？ しかし、自分の外にある知識、たとえば教科書に書かれた知識は、「すでに誰かが作り出して流通させている知識」です。知識は複製ができるので、その知識が流通している時点で、すでにその知識を持っている人は何人もいることでしょう。ということは、外の知識を取り込んでも、その知識では、差別化につながりにくいのです。

　一方、実際の応用の現場で必要に応じて生み出された知識は、流通しておらず、現場の状況にフィットした価値の高い知識です。つまり、知識を持っていることではなく新しい知識を生み出す力が、価値の源泉なのです。具体例で考えてみましょう。プログラミングの教科書に書かれたことを丸暗記しても差別化にはならず、状況に応じて新しいプログラムを生み出す

注22　私が書いた『コーディングを支える技術』のコラムが好評だったため、2014年7月に「エンジニアの学び方」が書かれました。本書を書いている今は2017年9月。その間に各地で学び方に関するワークショップや講義を行い、私の考えが洗練されました。

力が価値の源泉なのです。当然ですよね。この「生み出す力が価値の源泉」という考え方が、プログラミング以外の領域にも当てはまるのです。

　生み出す力とはどういうものか、どうやれば身に付けることができるのかについて、私は明確に言語化できていませんでした。しかし、私が過去に書いた書籍や講義資料は、多くの人から新しい知識を得た旨のフィードバックがありました。ということは、私は「知識を創造する方法」を言語化できていないのに、「知識を創造すること」自体はできていたわけです。であるならば、その知識を創造する過程を詳細に観察すれば、言語化できるのではないか？ そう考えていろいろな実験を行ってきました。この本の執筆も、知識を創造する過程の一つです。その過程では、たとえば第5章のコラム「書き出し法の実例」（151ページ）で紹介したように、異なる領域の知識の間に新しい結合が生まれる現象などが観察できました。

　その実験もそろそろ終わろうとしています。私が価値のある知識を創造できていて、この本を通じてあなたに伝わり、あなたの中に根付いて、あなたの知的生産の助けになることを祈っています。私にとってこれはゴールではなく新たなスタートであり、この本の出版から5年10年経ったときに何が起こるのかをワクワク楽しみにしています。

索引

数字

15分ルール	232
1回学習群	87
1次元	170
25分	23, 27
『7つの習慣』	62

A

abstract	30
AdaBoost	88
Adaptive Boosting	88
Albert Einstein	47
Alex Faickney Osborn	163
Allen	65
Alloy	28
Anki	95
Arthur Schopenhauer	133
Assignable	11
A型図解化	155

B

Barbara Liskov	33
Blunt	87
Boundary spanners	241
B'型口頭発表	154
B型文章化	155, 169

C

Cepeda	91
Christopher Alexander	35
Clean Language	197, 215
CLU	33
confidence interval	60
Coursera	12
Craik	26, 99
Crystallizing	185, 211

D

Damien Elmes	95
David Allen	51, 65
David Grove	197
Doneの定義	10
Douglas Carl Engelbart	36, 137
Downloading	185, 189
Dropbox	209

E

easiness factor	93
Edsger Wybe Dijkstra	167
edX	12
Eric Richard Kandel	76
Eric Ries	208
Ernst Mach	31
Eugene T. Gendlin	204
exploration exploitation tradeoff	59

F

foundationalism	222
Francis Bacon	108, 182
Friedrich Wilhelm Nietzsche	115

G

Getting Things Done	51
Gottfried Wilhelm Leibniz	115
GTD	51, 145

H

Hans Georg Gemünden	229
Henri Poincaré	38
how	43
Howard Eichenbaum	78

I

Immanuel Kant	114, 202
inbox	52

Incremental Reading 97, 139
Incremental Writing 175

J

James Webb Young 181-182
Java 33
Jeopardy! 95
Johannes Gutenberg 106
Jonathan Rasmusson 57
Jürgen Hauschildt 229

K

Karl Popper 224
Karpicke 87
KJ法 29, 134, 145, 153, 184, 217

L

Long-term potentiation 82
LTP 82
Ludwig Wittgenstein 125
Lynda Gratton 127, 239

M

Macintosh 227
Martin Fowler 204
Matz 18
Maurice Merleau-Ponty 37, 205
Measurable 11
Method of loci 85
Michael L. Tushman 241
Michael Polanyi 188, 201
Mihaly Csikszentmihalyi 96
Mike Cohn 61
Minimum Viable Product 208
Modula 32
MOOC 12
Morrisの水迷路 77
MVP 208

N

Niklaus Wirth 32
NM法 195
『NM法のすべて』 160

O

OODAループ 72
Otto Scharmer 181, 185

P

Pascal 32
Paul R. Scheele 116
PDCAサイクル 72, 212, 217
PDSAサイクル 72
Performing 185, 211
Peter Drucker 73, 235
Pierre Bayard 114
Piotr Wozniak 93-94, 139, 175
Plato 201
Presensing 185
Prototyping 185, 211
『Python言語リファレンス』 22
『Pythonチュートリアル』 22
『Pythonライブラリリファレンス』 14

R

Realistic 11
René Descartes 202
Richard G. Morris 78
Richard Phillips Feynman 191
Roger Craig 95
Ron Jeffries 17
『Rubyソースコード完全解説』 21

S

Scrapbox 175
Sebastian Leitner 92
SECIモデル 203
Seeing 185, 189, 215
Sensing 185, 189
serial mastery 239
Shewhart Cycle 72
SM-2アルゴリズム 93
Smalltalk 34
SMART criteria 11
Specific 11
Spitzer 86
Stack Overflow 20, 135
Staffan Nöteberg 70

Stephen R. Covey	62
Steve Jobs	227
SuperMemo	93-94, 139, 175
Symbolic Modelling	197
Syntopic Reading	135

T

TAE	204
Thinking At the Edge	204
Thomas Alva Edison	6
Thomas Edison	208
Time-related	11
ToDoリスト	51
Tony Buzan	119
Tulving	26, 99
Tumblr	139

U

UCB1アルゴリズム	60
upper confidence bound	60
U曲線モデル	185
『U理論』	181
U理論	185

V

Vincent Vanhoucke	232

W

Whole Mind System	116-117
why	43
Wikipedia	127, 135
William Edwards Deming	72
Win-Win	65
W型問題解決モデル	183

Y

YAGNI原則	17, 171

あ行

『アイデアのつくり方』	181
アイデアは既存の要素の新しい組み合わせ	182
『アイディアのレッスン』	135
アインシュタイン	47
青木峰郎	21

足踏み	25
アジャイル	70
『アジャイルサムライ』	57
『アジャイルな時間管理術』	70
『アジャイルな時間管理術 ポモドーロテクニック入門』	27
『アジャイルな見積りと計画づくり』	61
新しい結合	237
新しい分野	29
新しい問題	38
あとからつながっていく	17
『あなたもいままでの10倍速く本が読める』	116
アナロジー	40, 54, 194
天野仁史	16
誤った二分法	39
アーリーアクセス版	212
暗黙知	200-202
『暗黙知の次元』	202
意思決定	8, 50, 53, 222, 226
依存	65
依存関係	57
一覧性	149
一回性	226
一般化	37
一般的資料	188
今どうあるべきか	17
違和感	200, 203, 230
インタフェース	33, 40
ウィトゲンシュタイン	125
生み出されつつある言語	37
エクストリームプログラミング	17
エジソン	6
エミュレータ	218
絵を描く	193
「エンジニアの学び方」	17
大きさ	56
大きなタスク	147, 180
大雑把な地図	134
大雑把に	230
大雑把に全体像を把握	117
大まかな地図	19
お金	9, 12
押し出しファイリング	172
思い出し練習群	87
オンデマンド印刷	14

247

音読	109
オンライン講義	12

か行

解説	46
改善	15
階層的分類	156
改訂	15
概念	3, 36, 56, 137, 191
海馬	76
外部参照	127
概要	30
帰れソレントへ	100
科学	224
『科学と仮説』	38
書き出し法	145, 151
限られた認知能力	31
確実	8
拡大再生産	54, 230
かけ合わせ	235
過去の自分との対話	152
可視化	34, 53
仮想現実	200
過大評価	88
片っ端から	53, 230
語られつつある言葉	205
価値	61
価値仮説シート	189
価値観	64
活版印刷	106
加藤隆	26
壁	150
科目等履修生	12
カリグラフィー	227
川喜田二郎	153, 181
河東泰之	130
間隔反復法	91, 175
関係	21, 28, 148, 153, 160, 182
～のありそうなもの	152
干渉	97-98
『カンデル神経科学』	76
カント	115, 202
がんばるタイム	69
完了条件	133
関連性	196

記憶	76, 85
『記憶のしくみ』	76
技術顧問	243
規則性	34
基礎付け主義	222
期待した動きと、現実の動きの違い	46
期待と現実のギャップ	6
基地	54
帰納	38
記銘	84
疑問	5, 26
逆風	9
ギャップ	viii
教育	36
境界連結者	241
教科書	7
共感	186
共通の特徴	34
共通部分	42
局在	32
キーワード	23
～探し	117
緊急	62, 69
緊急事態	55
緊急性分解理論	55
筋肉	79, 83
クジャク	13
具体的	16, 37, 52, 118
～な経験	79
～な事例	34
グーテンベルク	106
組み立て	123
組み立てる	106
「組み立てる」読み方	126
クラス	33
グラデーション	39
クリアファイル整理法	173
繰り返し	84, 173
繰り返し現れる	34
繰り返し学習群	87
経営学	228
経験	48, 59, 107, 137
形式知	203
計測	73-74, 108, 121
計測可能	11

限界	68
言語	36, 137
言語化	64, 188
検索	20, 22, 107, 133, 135-136, 173
検証	vii, 5, 44, 121, 168, 181, 201, 215
建築	32, 35
原動力	5, 7
後悔	60
公開鍵暗号	40
好奇心	60
後期長期増強	82
公共の言葉	205
公的成功	65
行動	10, 52, 65
公理	48, 222
効率	25
効率化	26, 231
効率的	54
心のハードル	161
小崎資広	131
『個人的知識』	202
個人的なモデル	107
個人の経験	191
『コーディングを支える技術』	iii
小林忠嗣	55, 68
コミュニケーション	237
娯楽	105
ゴール	10
〜を近くする	23
〜を明確化	69
コントローラ	34
混乱	53

さ行

最小限の実現可能な製品	208
最小情報原則	94
最初から完璧	15
魚を与える	43
作業記憶	149
索引	134
桜の花	43
佐々木正悟	72
サブゴール	69
差別化	231, 235, 240
三角不等式	237

参考書	13
サンプルコードの丸写し	125
思惟経済説	31
ジェスチャ	199
塩澤一洋	23
視覚の限界速度	110
時間	8, 12, 17, 27, 52, 54
〜的に分散	148, 152
〜不足	170
〜を区切る	134
識別器	88
シグナル	13
試験	8, 46
試行錯誤	6, 45
思考	
〜の労力が削減	37
〜の労力を節約	31
〜の枠	189
事後的	67, 159, 191, 227
自信	87
静かな音読	111
シータ波	84
実験	5, 47, 141, 181
実践	vii, 5
実装の詳細	33
質問を作る	118
私的成功	65
自動保留	97
シナプス	80
シナプス後細胞	80
シナプス前細胞	80
社会人大学院生	12
写経	25
修辞的残像	85, 136
集中力	68
重要	30, 62, 65, 69
〜事項を優先する	62
〜な部分	33
終了条件が明確ではない	68
主観	191
主観的	156
熟成	118
主体性	63, 65
主体的	108
手段の目的化	134

249

受動的な学び	7
受容体	80
馴化	84
『純粋理性批判』	115
章タイトル	21
情報過多	163
情報洪水	164
情報収集	v, 3, 15, 30
情報収集力	121
情報デザイン	165
情報の一覧性	163
徐々に	83, 148
徐々に改善	54
ショーペンハウアー	133
処理の深さ	99
シラバス	14
知りたい	16
知りたいこと	27
自立	65
思慮の砲台金次第 ならぬならばやめるべし	55
神経伝達物質	80
人工物	36
人生の目的	65
身体感覚	191
進捗	53
〜が明確に計測	147
シンプル	94
シンボル	36, 198
信頼区間	60
数学	4, 26, 222
数学書	26
数理モデル	31
スキル	96
すべてのモデルは間違っている	31, 48
スロットマシン	58
正解	8
正解率	87
整合性	167
正誤表	14
静的な解析	21
制度化	205
〜された言語	37
生徒としての学び	7
整理	53, 144
整理された文房具棚	174

説明	46
セレンディピティ	135
前期長期増強	82
先行オーガナイザ	123
全体像	19, 27, 51, 98
選択公理	223
選択肢の数	229
『戦略サファリ』	230
相違点	26
想起	84
相互依存	65
相互作用を制限	32
操作	31
『創造性とは何か』	191
速読	104
ソート	55
損益分岐点	136

た行

大学からの学び	7
体系	24
体系的な知識	12
大小比較	56
大脳皮質	76
タイムボックス	68, 151
タイムマシン	215
対立関係	161
高田明典	126
耕された畑	174
卓越	234, 240
たこ	195
タスク	
〜が大きすぎる	67
〜の細分化	54
〜分割	68
タスクシュート時間術	71
タスクリスト	51
正しさ	167
立場	240
達成	134
達成可能	11, 19
達成感	10-11, 46, 54, 84
達成条件	18
〜が不明確	10, 12, 16, 42, 180
たとえ話	40, 194

棚見 13, 129	デザインパターン 35, 136
他人の視点 212	テスト 86, 91
タプル 5	哲学書の読み方 26
誰が顧客なのかがわからなければ、	『哲学の原理』 202
何が品質なのかもわからない 209	デッサン 45
単位時間に理解できる量 113	デミングサイクル 72
段階的 83	デミング・シューハートサイクル 72
探検 153	寺田昌嗣 121
探検学 184	ドア 35
探索 59, 229-230	投資対効果 121
探索と利用のトレードオフ 59, 191, 230	動的な解析 21
断片化 148	逃避 69
断片的な時間 68	時の試練 15
断片的に集めた情報 17	特殊資料 188
遅延評価 16	読書のピラミッド 126
『知識創造企業』 203	登山型の本 128
知識の貿易商 240	閉じている本 127
知識を構造化する20のルール 94	土台 26
地図 23, 85, 123	トップダウン 65
知的生産 .... iv, 144	外山滋比古 135
知的生産性向上システムDIPS 55	トランジスタラジオ 210
『「知」の探検学』 153	鳥 38
チャレンジ 29, 96	〜の声 192
抽象 29-30	トリンプ 69
抽象化 .... vi, 3, 37, 39, 79	トレードオフ 59
抽象概念 191	トレードオフスライダー 57
抽象クラス 33	
抽象的 43, 85	**な行**
抽象データ型 33	中山正和 161, 195
『抽象によるソフトウェア設計』 28	なぜ 26, 43, 46
中断 53, 147	南京錠 40
中断可能な設計 171	ニーチェ 115
チュートリアル 10, 12	似ている 39
長期増強 82	ニューロン 80
聴講生 12	『認知インタフェース』 26
『「超」整理法』 173	寝かせる 181
重複 148	根のない知識 192
陳腐化 29	能動的な学び 7
通信プロトコル 37	野口悠紀雄 172
通読 119	野中郁次郎 186, 207
つまみ食い 18, 26	糊付きふせん紙 153
積み上げる 98	
ツリー 23, 119, 124, 170	**は行**
デカルト 202	π型 238
適応的ブースティング 88	ハイキング型の本 128

251

索引

ハイパーリンク	107
場所	78
パターン	26, 29, 34, 37, 40, 137, 185
〜を発見	48
発火	81
『発想法』	iii, 153, 181
バナッハ=タルスキの定理	223
バナッハ=タルスキのパラドックス	223
刃を研ぐ	65
反証可能性	224
ハンダごて	167
ハンディキャップ理論	13
反応	64
汎用化	37
比較	39, 205
悲観的な勘違い	59
非陳述記憶	79
必要	17, 42
♪ビデオマレ〜	100
人に教える	170
批判	202
ビュー	34
表現の形	35
表札	155, 163, 165
表札作り	155
氷山	188, 207
表出化	207
標準模型	31
開いている本	127
ピラミッド	4, 43, 64, 99, 165
ファインマン	191
フィールドワーク	183
フェルトセンス	204
フォーカス・リーディング	120
フォトリーディング	117
フォーマット変換	170
不確実タスク	134
不確定	57
復習	137
ふせん	145
不確かなときは楽観的に	59
部品	32
プラトン	201
ブレインストーミング	163
フレームワーク	158, 189

プロジェクト	52, 65
『プロフェッショナルの条件』	235
フロー理論	96
分散	58
分布図	216
分野	65
分類	156, 163
並行処理	50
ペースを保つ	113
ベネルクス三国	94
部屋の片付け	53, 165
弁証法	41
ポアンカレ	38
貿易商	240
報酬	10, 84
放送大学	12
方法的懐疑	202
方法論	36
ポジショニング学派	230
補助輪	27-28
ポストビュー	118
ボトムアップ	64-65
ボトルネック	110
ポモドーロ	134
ポモドーロテクニック	27, 70
掘り下げる	3
ホワイトボード	150
本田直之	138

ま行

マインドパレス	85
マインドマップ	119
摩擦	192
増井俊之	173
まだ誰も経験していないこと	20
まつもとゆきひろ	18, 21
学びのサイクル	2, 46
丸暗記	79
見出し	22-23, 123
見つける力	20
「見つける」読み方	115
光成滋生	131
見積り	70
見積もる	54, 67
ミュージシャン	47

民法	23
民法マップ	23
矛盾	41
明確	11
〜な目的	26
〜な目標	23
迷路	77
メタファ	194
〜の空間	195
メディエイターパターン	35
『メノン』	201
メモリーパレス	85
盲点	159, 189, 194, 217, 230
目次	21, 123, 134
目的	17-18, 63, 65
〜の明確化	117
模型	31
モジュール	32
木工	45
モデル	vi, 4, 29, 31, 34, 36, 107, 121, 137, 144, 198
モデル化	3, 4, 26
モデル–ビュー–コントローラ	33
問題の解決に近付いている感覚	201
問題を解く	37

や行

やさしさ係数	93
やる気	7, 16
優先順位付け	55
優先度	53
有用性	227
要約	30
良くないゴール設定	19
予想	42
『読んでいない本について堂々と語る方法』	114

ら行

ライトナーシステム	92
ライプニッツ	115
螺旋階段	76, 212
楽観主義	60
楽観的な勘違い	59
ラベル	
〜集め	154

〜作り	154
〜拡げ	154
『乱読のセレンディピティ』	135
理解能力には限界	32
理解を組み立てるための材料	25
リスク	61
リスト	5
略語	21, 22
利用	59
料理	50
『リーン・スタートアップ』	189, 208
類似点	26
歴史	42
レーダーチャート	216
レバレッジメモ	138
『レバレッジ・リーディング』	138
連続スペシャリスト	239
ロングセラー	15

わ行

わかる	132
枠	189
枠組み	158
『ワーク・シフト』	127, 239
割り込み	53

著者略歴

西尾 泰和（にしお ひろかず）

24歳で博士(理学)を取得。2007年よりサイボウズ・ラボ。個人やチームの生産性を高める方法の研究開発をしている。プログラミング言語の進化による生産性向上にも関心があり、2013年に出版した『コーディングを支える技術』は、中国語、韓国語に翻訳される。2014年技術経営修士取得。ニューラルネットで意味を扱う技術について『word2vecによる自然言語処理』出版。2015年より一般社団法人未踏の理事を兼任。2018年より東京工業大学 特定准教授を兼任。

装丁・本文デザイン	西岡 裕二
レイアウト	高瀬 美恵子
本文図版	スタジオ・キャロット
編集アシスタント	北川 香織
編集	池田 大樹

WEB+DB PRESS plus シリーズ
エンジニアの知的生産術
──効率的に学び、整理し、アウトプットする

2018年 8月24日 初版 第1刷発行
2024年 5月 4日 初版 第5刷発行

著者	西尾 泰和
発行者	片岡 巌
発行所	株式会社技術評論社 東京都新宿区市谷左内町21-13 電話 03-3513-6150 販売促進部 　　 03-3513-6177 第5編集部
印刷／製本	日経印刷株式会社

- 定価はカバーに表示してあります。
- 本書の一部または全部を著作権法の定める範囲を超え、無断で複写、複製、転載、あるいはファイルに落とすことを禁じます。
- 造本には細心の注意を払っておりますが、万一、乱丁(ページの乱れ)や落丁(ページの抜け)がございましたら、小社販売促進部までお送りください。送料小社負担にてお取り替えいたします。

©2018 西尾 泰和
ISBN 978-4-7741-9876-7　C3055
Printed in Japan

- お問い合わせ

本書に関するご質問は記載内容についてのみとさせていただきます。本書の内容以外のご質問には一切応じられませんので、あらかじめご了承ください。なお、お電話でのご質問は受け付けておりませんので、書面または弊社Webサイトのお問い合わせフォームをご利用ください。

〒162-0846
東京都新宿区市谷左内町21-13
株式会社技術評論社
『エンジニアの知的生産術』係
URL https://gihyo.jp (技術評論社Webサイト)

ご質問の際に記載いただいた個人情報は回答以外の目的に使用することはありません。使用後は速やかに個人情報を廃棄します。